Michael Bright

TIERE AUF JAGD

Fressen und gefressen werden

Michael Bright

Tiere auf Jagd

Fressen und gefressen werden

BLV

Die Deutsche Bibliothek – CIP-Einheitsaufnahme

Tiere auf Jagd: fressen und gefressen werden / Michael Bright.
[Übers. aus dem Engl.: Franca Fritz; Heinrich Koop]. –
München; Wien; Zürich: BLV, 1994
Einheitssacht.: Hunters of the wild <dt.>
ISBN 3-405-14641-0
NE: Bright, Michael; Fritz, Franca [Übers.]; EST

BLV Verlagsgesellschaft mbH
München Wien Zürich
80797 München

Titel der englischen Originalausgabe:
Hunters of the Wild – Hunting Animals and their Strategies

Übersetzung aus dem Englischen: Franca Fritz; Heinrich Koop

Umschlaggestaltung: Studio Schübel
Umschlagfotos:
Vorderseite: Natural History Photographic Agency / Gérard Lacz (Leopard)
Rückseite: Bruce Coleman / Hans Reinhard (Steinadler), Natural History Photographic Agency / John Shaw (Braunbär beim Lachsfischen), Oxford Scientific Films / Stephen Downer (Chamäleon erbeutet Heuschrecke)

Lektorat: Dr. Friedrich Kögel
Herstellung und DTP: Hermann Maxant

Druck und Bindung: Imago

Printed in Hong Kong · ISBN 3-405-14641-0

Inhalt

Der Hinterhalt

Raubtiere sind ein wichtiges Element im Haushalt der Natur. Sie töten und fressen keineswegs alle Beutetiere: Im Grunde besteht ein Gleichgewicht zwischen den Tieren, die Beute machen, und ihren Beutetieren, die die Raubtiere wiederum zu überlisten versuchen. Hierbei handelt es sich um ein evolutionäres Wettrüsten, das keinen Sieger kennt. Sobald sich ein Raubtier im Vorteil befindet, entwickelt das Beutetier effektive Verhaltensweisen zum Schutz gegen den Räuber, so daß die Starken und gut Angepaßten überleben. Gleichzeitig halten die Jäger die Populationen gesund, indem sie alte und kranke Tiere töten.

Die meisten Raubtiere töten aus Gründen des Selbstschutzes möglichst schnell, denn sie können es sich nicht leisten, daß die Beute um sich schlägt. Ausschlagende Hufe oder gefährliche Krallen können Verletzungen hervorrufen, die zusammen mit einer Infektion ihrerseits den Räuber außer Gefecht setzen.

Zibetkatzen beißen ihr Opfer in den Hinterkopf, während sie sich auf den Rücken oder die Seite werfen, um mit ihren Tatzen die Pfoten und Krallen des Beutetiers abzuwehren.

Raubkatzen packen das Opfer im Genick, wobei ihre großen Eckzähne bei kleineren Beutetieren Wirbel herausreißen und bei größeren die Luftröhre zudrücken. Hunde und Haie verstärken die Wirkung ihrer Zähne durch heftiges Schütteln des Kopfes.

Aber mit welchen Methoden die Beute auch erlegt wird, zunächst muß sie der Räuber erst einmal finden und fangen. Er muß auf die Jagd gehen, und zu den bevorzugten Taktiken allein jagender Tiere zählt der plötzliche Angriff aus dem Hinterhalt.

Tiger, Tiger

Auf einer Waldlichtung in einem indischen Nationalpark grast ein Axishirsch. Aus dem dichten Unterholz nähert sich ihm ein bengalischer Tiger, dicht auf den Boden gepreßt und gegen den Wind, damit ihn der Hirsch nicht wittern kann. Die Raubkatze ist hervorragend getarnt; ihr gestreiftes Fell läßt sie perfekt mit dem halbschattigen Hintergrund aus Blättern und Laub verschmelzen. Endlich hat sie nach 15 km eine geeignete Beute in einer Umgebung aufgespürt, die ihr genügend Sichtschutz für ihr heimliches Anschleichen bietet.
Langsam kommt der Tiger näher; er verharrt in der Bewegung, sobald der Hirsch aufschaut. Vorsichtig pirscht er sich heran, den Körper auf den Boden gepreßt, den Kopf hoch erhoben. Er muß sich seiner Beute bis auf etwa 20 m nähern, bevor er einen Angriff wagen kann. Bei einer größeren Entfernung wird der Hirsch davonstürzen und aufgrund seiner Schnelligkeit

Der Tiger ist die größte lebende Raubkatze. Diese jungen bengalischen Tiger leben auf dem indischen Subkontinent und können bis 3 m groß werden (inklusive des 1 m langen Schwanzes); der noch größere sibirische Tiger (aus Sibirien und der Mandschurei) erreicht eine Länge bis zu 4 m. Tiger gehen meist allein auf die Jagd; nur die Weibchen jagen so lange mit ihren Jungen, bis diese alt genug sind, um für sich selbst zu sorgen.

Jäger und Gejagte

Raubtiere töten andere Tiere, denn sie ernähren sich von Fleisch. Sehr oft töten sie auch Pflanzenfresser. Diese müssen große Mengen von Pflanzen zu sich nehmen, um ihren täglichen Nahrungsbedarf zu stillen. Auf diese Weise konzentrieren sie die Nährstoffe in ihrem Körper und werden damit zu einer begehrten Beute für die Jäger. Raubtiere wiederum verwenden viel Zeit und Energie darauf, die sehr nährstoffreichen Pflanzenfresser zu finden und zu fangen und benötigen deshalb nur kleinere Mengen Futter. Überraschenderweise bereitet das Erlegen der Beute den Raubtieren meistens Probleme, denn sie sind keineswegs so erfolgreiche Jäger, wie man vielleicht annehmen würde.
Naturkundliche Filme im Fernsehen zeigen oftmals ausschließlich die besten Jagdszenen, aber der Erfolg stellt sich nur selten ein. Einem allein jagenden Leoparden in Ostafrika gelingt es lediglich in einem von zwanzig Versuchen, eine Antilope oder Gazelle zu erlegen. Rudel sind da erfolgreicher: Tüpfelhyänen beispielsweise erlegen ihre Beute in einem Drittel aller Fälle, während Wildhunde sogar bei jedem zweiten Angriff erfolgreich sind.

problemlos entfliehen. Im Moment vor dem Angriff stützt sich der Tiger auf seine hinteren Gliedmaßen und konzentriert sich auf die plötzliche Attacke – jeder Muskel bis zum äußersten angespannt.
Plötzlich greift er an und schlägt nach wenigen Schritten zu. Der Hirsch ist relativ groß und fällt nicht sofort, aber mit einem Hieb seiner riesigen Vorderpranke bringt der Tiger das Tier zu Fall und packt es im Nacken. Auf ihre hinteren Gliedmaßen gestützt, richtet sich die große Raubkatze auf und verbeißt sich in die Kehle des Hirsches, so daß beide krachend zu Boden stürzen. Der Tiger läßt nicht locker und durchbeißt die Luftröhre, wodurch der Hirsch erstickt. Aber die Raubkatze gibt erst nach, wenn sie sicher sein kann, daß die Beute wirklich tot ist.
Den Kadaver zieht der Tiger in den Schutz des Unterholzes, wo das Festmahl beginnt. Während einer Mahlzeit kann die Großkatze bis zu 35 kg Fleisch verschlingen; der Rest wird dann über mehrere Tage verteilt. Im allgemeinen bleiben Tiger solange bei ihrer Beute, bis auch der letzte Bissen gefressen ist. Pro Jahr erlegt eine solche Raubkatze etwa 40–60 Beutetiere, von denen sie sich jeweils eine Woche ernähren kann.
Da die meisten Raubkatzen allein jagen, müssen sie auf die hohe Kunst des Anpirschens vertrauen, um Beute zu machen. Der Tiger ist das größte und mächtigste dieser Raubtiere und ein solch hervorragender Jäger, daß er sogar Tiere erfolgreich attackieren kann, die erheblich größer sind als er. Dennoch schlagen im allgemeinen neun von zehn Versuchen fehl.
Tiger sind typische Katzen, mit großen Augen, die räumliches, farbiges Sehen ermöglichen. Am Tag ähnelt ihre Sehfähigkeit der unseren, aber in der Nacht ist ihr Sehvermögen sechsmal besser als das des menschlichen Auges. Außerdem besitzen sie ein gutes Gehör, aber einen weniger ausgeprägten Geruchssinn als etwa Hunde. Ihre Vordertatzen weisen lange, sehr scharfe, krummsäbelförmige Krallen auf, die sie einziehen können und mit denen sie ihre Beute ergreifen und festhalten. Der Kiefer ist mit starken Muskeln und großen Eckzähnen ausgestattet, die dem Tiger seinen kraftvollen, tödlichen Biß ermöglichen. Manchmal packt der Tiger seine Beute auch von vorne, preßt den Kopf des Tieres auf den Boden und verwendet seine Vorderpranke als Hebel, um das Opfer herumzuwirbeln. Das Beutetier stürzt dabei unglücklich zu Boden und bricht sich das Genick.
Obwohl Tiger meistens allein auf die Pirsch gehen, jagen Weibchen mit ihren Jungen hin und wieder zusammen; und da mehr Münder zu stopfen sind, erlegt die Tigerfamilie im Jahr bis zu 70 Hirsche, Rehe und ähnliche Beutetiere wie etwa Wildschweine oder Dschungelrinder.

Gesprenkelte Streuner

Statt eines gestreiften Fells (wie der Tiger) besitzen Leoparden ein gesprenkeltes Tarnkleid, das sie aber ebenfalls hervorragend mit dem Hintergrund verschmelzen läßt. Denn genau wie der Tiger pirscht sich auch diese Raubkatze aus dem Hinterhalt an ihre Opfer heran. Im allgemeinen gehen Leoparden nachts auf die Jagd und beobachten ihre Beute von einem Aussichtspunkt aus, etwa von einem Baum oder Felsen. Je nach Umgebung schleicht sich der Räuber an oder lauert seiner Beute auf. Dagegen stürzt er sich nur selten von einem Baum direkt auf das Opfer; meist springt er herunter und hetzt seine Beute, bevor diese entfliehen kann. Aufgrund ihrer geringeren Größe und ihrer Vorliebe für die Einzeljagd müssen Leoparden stets auf der Hut vor diebischen Löwen und Hyänen sein. Die geschlagene Beute – manchmal eine große Antilope – zerrt die Raubkatze auf einen Baum und plaziert sie zwischen einer Astgabel, wo der Räuber in relativer Sicherheit fressen kann.
Der südamerikanische Jaguar ähnelt dem Leoparden sehr; er ist allerdings etwas größer. Jaguare leben in Waldgebieten, wo sie den Affen in den Baumwipfeln auflauern, Rotwild und Nabelschweine jagen und Fische aus den Flüssen fangen. Es geht das Gerücht, daß der Jaguar seinen Schwanz im Wasser auf- und abtanzen lasse, um Fische anzulocken, aber dieses Verhalten konnte bisher von wissenschaftlicher Seite nicht bestätigt werden.
Dagegen gibt es für Schneeleoparden, die in den Gebirgen Südasiens heimisch sind, nicht viel zu fangen. Ihre Beutetiere leben weit verstreut, so daß diese Jäger dem jahreszeitlichen Zug der Mufflons und Steinböcke folgen müssen, um zu einer Mahlzeit zu gelangen. Die

Der Leopard geht allein und hauptsächlich nachts auf die Jagd, während er den größten Teil des Tages versteckt in Höhlen oder zwischen Felsen verbringt. Erst am späten Nachmittag wird er aktiv, um dann die ganze Nacht hindurch zu jagen.

Sohlen der Pfoten weisen eine dichte Behaarung auf, die den Schneeleoparden leichtfüßig über weichen Schnee laufen läßt (ohne dabei einzusinken) und ihm dadurch einen unermeßlichen Vorteil verschafft.

Kleine Katzen

Die kleineren Mitglieder der Raubkatzenfamilie jagen ihre Beute entweder durch ausgedehnte Streifzüge in ihrem Revier, oder sie warten einfach, bis das Opfer zu ihnen kommt.
In Jahren mit großen Beutetierbeständen liegt der Nordluchs beispielsweise auf einem Baum auf der Lauer und stürzt sich einfach von oben auf seine vorbeilaufende Beute (hauptsächlich Schneeschuhhasen). Fällt die Population der Hasen jedoch geringer aus, muß der Luchs große Strecken zurücklegen, um auch nur ein Tier zu sichten, und sich ihm dann vorsichtig nähern, um es zu überraschen. Seine Erfolgschancen stehen um so günstiger, je harscher der Schnee ist; bei Neuschnee sind die leichteren Beutetiere sehr viel flinker als der Luchs und können entwischen.
Der in Afrika lebende Serval unterscheidet sich von den anderen Raubkatzen dadurch, daß er sich bei der Jagd hauptsächlich auf sein Gehör verläßt. Mit seinen großen, weitgeöffneten Ohren kann er selbst kleinste Bewegungen und Geräusche orten. Dann stürzt er sich plötzlich auf die entdeckte Beute, springt dabei hoch in die Luft und landet mit den Vorderpfoten auf seinem Opfer. Falls die Beute nicht sofort tot ist, wird sie mit einem Biß ins Genick getötet. Darüber hinaus ist diese Raubkatze in der Lage, das Scharren der Blindmäuse unter der Erde zu vernehmen, die sie auf zweierlei Arten jagt: Blindmäuse in flachen Höhlengängen werden einfach ausgegraben, und Tiere in tieferen Gängen lockt der Serval dadurch heran, daß er den Eingang zu ihrem Tunnel beschädigt und einfach wartet, bis die Blindmaus erscheint, um den Schaden zu beheben. Sobald der Kopf des Beutetiers aus dem Gang ragt, schlägt der Serval zu.
Wüstenluchs und Ozelot lauern hin und wieder auch Vögeln auf. Langsames Heranpirschen ist dabei zwecklos, weil der Vogel meist aufflattert. Die Raubkatzen müssen ihr Opfer also plötzlich anspringen und mit Tatzen und Krallen zu Boden reißen. Dagegen warten Tigerkatzen oder Margays und Nebelparder in Bäumen auf ihre Beute und stürzen sich von oben auf sie herab, wenn sie ahnungslos darunter herläuft.
Wagati- oder Fischkatzen haben eine andere Fischfangmethode entwickelt als unsere Hauskatzen. Sie schlagen nicht mit der Pfote nach vorbeischwimmenden Fischen, sondern spähen dicht über der Wasseroberfläche in die dunklen Tiefen und stoßen dann mit dem Kopf unter Wasser, um die Beute mit dem Maul zu fangen.

Der Serval ist eine langbeinige, schmale Raubkatze, die ebenfalls hauptsächlich in der Nacht jagt und dabei ausgetretenen Pfaden durch die Savanne auf der Suche nach Perlhühnern, Hasen und kleinen Nagern wie der Rohrratte folgt.

Arktische Einzelgänger

Der Eisbär ist das größte Landraubtier und einer der mächtigsten Jäger der Arktis. Er fühlt sich im Wasser genauso zu Hause wie an Land, wobei ihn eine dicke Fettschicht und sein dichter Pelz vor der eisigen Kälte seines Lebensraums schützen.

Eisbären leben nomadisch und wandern zwischen den Orten hin und her, die ihnen je nach Jahreszeit genügend Nahrung bieten. Im Frühjahr spüren die Bären die Höhlen der Ringelrobben auf, die diese auf großen Eisschollen in den Schnee graben. Mit roher Gewalt dringen die Eisbären durch das Dach der Höhle ein, überraschen die Robbenfamilie und greifen sich die Jungen. Ausgewachsene Robben werden vom Bären gerissen, wenn sie zum Atmen an die Wasseroberfläche kommen. Das Raubtier sitzt geduldig am Atemloch, das es an den öligen Ablagerungen auf dem Eis erkennt, und wartet, bis der Kopf der Robbe erscheint. Wie der Blitz schlägt die mächtige Pranke des Eisbären aus, packt die Robbe und schleudert sie aufs Eis, wobei der Bär den Schädel der Robbe mit einem keulenartigen Schlag zertrümmert oder mit einem einzigen Biß seines gewaltigen Kiefers das Genick des Opfers bricht.

Robben und ihre Jungen auf Eisschollen verfolgt der Eisbär quer übers Eis und durchs Wasser. Dabei nutzt er kleinere Erhöhungen und Senkungen als Sichtschutz und gleitet dann leise ins Wasser, um die letzten Meter zurückzulegen. Vorsichtig paddelt er – einem Stück Treibeis ähnlich – näher und reißt das Opfer plötzlich in einem wilden Wasserstrudel in die Tiefe.

Einmal wurde ein Eisbär dabei beobachtet, wie er sich heimlich an eine Robbe heranschlich und, sobald das Tier den Kopf in seine Richtung drehte, regungslos verharrte und mit seiner Tatze seine Nase bedeckte, damit die Robbe ihn in der weißen Umgebung nicht entdecken konnte. Ringelrobben sind die häufigste Robbenart der Arktis und bilden daher die Hauptnahrungsquelle der Eisbären. Allerdings ergänzen diese Raubtiere ihre Kost auch durch Bart-, Mützen- und Sattelrobben. Auf der Wrangel-Insel in der ostsibirischen See greifen sie sogar Walrosse und ihre Jungen an. Die jagdfiebrigen Eisbären springen dabei auf den Rücken der erwachsenen Tiere, werden aber bereits durch eine einzige Bewegung des gewaltigen Walroßkörpers herabgeworfen, der durch eine dicke Speckschicht vor den Klauen und Zähnen der Bären geschützt ist. Ihre Jagd ist nur dann von Erfolg gekrönt, wenn sie sich an ein relativ junges Tier heranpirschen können, bevor dieses ins Meer entschwindet.

Außerhalb des Wassers ist der Seeleopard ein schwerfälliger Meeressäuger, den Pinguine keines Blickes würdigen. Im Wasser dagegen wird er zum exzellenten Räuber, der auch schnell schwimmende Beute ausmanövrieren und fangen kann. Vom Kopf her ähnelt er eher einem Reptil als einem Säugetier.

Killerrobben

In der Antarktis lebt ein weiterer Meister des plötzlichen Angriffs aus dem Hinterhalt, der Seeleopard. Auch diese etwa 3 m langen Robben jagen allein. Mit ihrem reptilähnlichen Kopf und ihrem gewaltigen Kiefer ergreifen sie alles, was in den Meeren am Südpol schwimmt, solange es nur kleiner und weniger wehrhaft ist. Aber ihre Lieblingsspeise sind Pinguine. Häufig legen sich die Seeleoparden am Rand einer Eisscholle in der Nähe einer Pinguinkolonie auf die Lauer. Dort warten sie, bis die Pinguine zum Fischen ins Meer tauchen. Ist ein Seeleopard in der Nähe, wirken die Pinguine sichtlich erregt und zögern, die Sicherheit der Eisscholle zu verlassen. Aber schließlich springt dann doch ein Pinguin – dem Ansturm der nachdrängenden Tiere nicht mehr gewachsen – ins Wasser, worauf der Seeleopard nur gewartet hat. Die Beute wird mit dem gewaltigen Kiefer ergriffen, heftig hin und hergeschüttelt und im Ganzen – jedoch ohne Kopf und Füße – verschlungen. Bei größeren Tieren wie etwa den Kaiser- und Königspinguinen verfährt der Seeleopard auf eine andere Weise: Er schüttelt sein Opfer solange, bis dessen Haut reißt. Mit einem mächtigen Kopfruck läßt der die Haut des Pinguins förmlich aufplatzen und tut sich an den großen Brustmuskeln gütlich; der Rest wird verschmäht.

Der Angriff aus der Luft

Adler, Habichte und Falken attackieren ihre Beute aus heiterem Himmel. Eine im Dschungel Südamerikas verbreitete Adlerart, die Harpyien, können selbst kleinste Bewegungen durch das dichte Dschungeldach hindurch erspähen, um dann durch das Blattwerk herabzustoßen;

sie fliegen einen kurzen Augenblick auf dem Rücken, um sich ein an einem Ast hängendes Faultier zu schnappen. Der Fischadler überfliegt einen Küstenstreifen oder ein Seeufer auf der Suche nach Fischen, die dicht unter der Wasseroberfläche schwimmen. Entdeckt er ein Opfer, stürzt er herab, läßt seine Fänge nach vorne schnellen und packt den Fisch mit den Krallen. Seine Füße sind sehr kräftig, um die Wucht des Schlags abzufangen, und die Krallen lang und scharf, so daß die zappelnde Beute nicht entwischen kann; kleine Horndornen auf der Unterseite der Zehen verhindern ein Wegflutschen des glitschigen Beutetiers. Diese Vögel packen ihre Opfer derartig fest, daß man bereits mehrfach beobachten konnte, wie sie von einem besonders großen Fisch unter die Wasseroberfläche gezogen wurden.

Nach erfolgreicher Jagd erhebt sich der Fischadler mit seiner Beute wieder in die Lüfte, die er mit dem Kopf nach vorne hält, um den Luftwiderstand zu verringern. Erst im Nest oder auf einem bevorzugten Sitzplatz findet dann die Mahlzeit statt.

Seeadler müssen nicht so tief ins Wasser eintauchen, sondern können die Beute mit ihren längeren, weniger stämmigen Fängen an der Wasseroberfläche ergreifen. Außerdem beschränken sie sich nicht nur auf Fische, sondern jagen auch Hasen und Robbenjunge, und die Seeadler eines ostafrikanischen Salzsees ohne Fischbestand haben sich auf junge Flamingos spezialisiert. Kronen- und Kampfadler holen sich ihre Beute – hauptsächlich Affen – direkt aus den Baumwipfeln oder stoßen sie von den Ästen, so daß die Beutetiere in die Tiefe stürzen. Diese Vögel erlegen Säugetiere, die um ein Vielfaches schwerer sind – so fängt der Afrikanische Habichtadler beispielsweise Hasen, die das Vierfache seines eigenen Gewichts aufweisen, und der Raubadler ergreift kleine Dikdik-Antilopen, die mehr als 4 kg wiegen können.

Turmfalken, Bussarde und Schlangenadler bleiben kreisend in der Luft stehen, d.h. sie schweben am Himmel und suchen den Boden nach Beute ab. Der Turmfalke spreizt dazu die Schwingen und den langen Schwanz und nutzt die Luftströmungen, um auf der Stelle zu verweilen. Sein Kopf bleibt dabei völlig ruhig.

Große Adler, deren Lebensraum im Gebirge liegt, besitzen speziell geformte Flügel, die einen Gleitflug ermöglichen. Ihre großen, breiten Schwingen weisen an der Flügelspitze 6 bis 7 einzelne Hauptschwungfedern auf, die beweglich sind und den Vögeln beim Navigieren helfen. Beim Gleitflug an einem Berghang ist der Adler starken Luftströmungen ausgesetzt, die er durch Spreizen dieser Federn ausgleichen kann und damit eine bestimmte Flughöhe hält, was bei der Jagd von großem Vorteil ist.

Der Kampfadler, einer der größten afrikanischen Adler, hat mit seinen kraftvollen Krallen ein Hörnchen gefangen. Obwohl er hauptsächlich Federwild jagt, können große Kampfadler auch Grüne Meerkatzen und sogar kleine Antilopen erlegen.

Riesige, grinsende Mäuler

Nilkrokodile werden bis 6 m lang und sind alles andere als wählerisch, was ihre Nahrung betrifft. Sie reißen alles, angefangen vom Flußpferdkalb über Enten und Zebras bis hin zu Fröschen; aber ihre Hauptnahrungsquelle (etwa 70 Prozent) sind Fische. Das Beutetier wird durchs Wasser verfolgt, mit dem Maul gefangen und solange gegen einen Felsen geschlagen, bis es tot ist. Anschließend dreht das Krokodil die Beute durch ruckartige Bewegungen, so daß der Fisch mit dem Kopf nach vorne verschlungen werden kann.

Größeren Tieren lauern die Krokodile am Ufer auf, wobei ihnen Antilopen, Zebras und sogar junge Löwen und Elefanten zum Opfer fallen. Die riesigen Reptilien gleiten langsam ins Wasser und schwimmen geschmeidig in Richtung Flußufer, wobei nur ihre Nüstern und Augen aus dem Wasser ragen. Sobald sie ein Opfer entdeckt haben, tauchen sie ohne jede Wasserkräuselung unter und schwimmen unter der Wasseroberfläche auf die ahnungslose Beute zu. Wenn sich das durstige Tier dann zum Wasser herabbeugt, verbeißt sich das Krokodil in seine Schnauze und zerrt es ins Wasser, wo es die Beute aufgrund seiner größeren Kraft und seines Gewichtes solange unter Wasser taucht, bis diese ertrinkt. Dann zerreißt das Reptil den Kadaver mit dem Maul in Stücke, wobei es sich z.B. ein Bein schnappt und den restlichen Körper solange herumwirbelt, bis sich das Glied löst und heruntergeschlungen werden kann.

Aber auch Aas ist für Krokodile immer eine willkommene Mahlzeit. So müssen beispielsweise jedes Jahr im September während der großen Gnu-Wanderungen Millionen Tiere den Fluß Mara in Ostafrika durchqueren, während die Jäger am Flußufer und im Wasser schon auf sie warten: Löwen, Leoparden, Wildhunde, Hyänen und Krokodile. Nachzügler und schlechte Schwimmer werden von den Krokodilen von unten gepackt und gegen die Strömung in die Tiefe gezogen – die entstehenden Strudel sind meist das einzige Zeichen eines Angriffs. Aber viele Tiere ertrinken auch einfach; sie erreichen das andere Ufer erst gar nicht oder sind zu schwach, um an Land zu klettern. Für die Krokodile ist dies natürlich ein gefundenes Fressen.

Die Jagd auf große Säugetiere wie etwa Flußpferde und Elefanten birgt aber auch gewisse Gefahren. Elefanten können Krokodile einfach zertrampeln, während Flußpferde beobachtet wurden, wie sie selbst große Krokodile schlicht in der Mitte durchbissen. Im Fluß Tana in Kenia versuchte sich ein fast 2 m langes Krokodil an einer 4,5 m langen Pythonschlange und verlor den Kampf nach zweistündigem Ringen. Der Python zerquetschte das Krokodil und verschlang es in einem Stück. In St. Lucia fand ein Krokodil sein vorzeitiges Ende, als ihm eine große Dosenschildkröte im Hals steckenblieb. Aber die wahrscheinlich kurioseste Geschichte ereignete sich im Krüger-Nationalpark in Südafrika: Ein junges Krokodil vergriff sich an einer Giraffe und packte sie – ganz nach Krokodilart – am Maul. Aber die Giraffe hob einfach den Kopf, wodurch sich das überraschte Krokodil hoch in der Luft wiederfand, irgendwann loslassen mußte und ins Wasser zurückfiel. Die verletzte, aber nicht schwer verwundete Giraffe schlenderte einfach davon.

Nilkrokodile fressen auch Menschen. Schätzungen gehen davon aus, daß früher bis zu 3000 Menschen diesen Reptilien pro Jahr zum Opfer fielen. Heute liegen die Zahlen aufgrund der

Ein Nilkrokodil greift überraschend ein ermüdetes Gnu an. Die Krokodile liegen nahezu unsichtbar unter der Wasseroberfläche des Flusses Mara in Kenia, um dann plötzlich nach ihrer Beute zu schnappen. Während ihrer jährlichen Wanderung müssen die Gnus diesen Fluß durchqueren, und viele ertrinken oder werden von den dort lauernden Raubtieren gerissen.

kleineren Krokodilbestände in Afrika entsprechend niedriger; aber nach wie vor trifft es den ein oder anderen Schwimmer oder Frauen, die ihre Wäsche im Fluß waschen. 1987 konnte ein junger Offizier der Coldstream Guards einen südafrikanischen Jungen aus dem Sambesi retten. Zusammen mit dem Vater des Jungen (der bei der Rettungsaktion einen Arm verlor) und einem britischen Studenten gelang es dem Armee-Offizier (der sich dabei beide Arme brach), den Jungen aus dem Kiefer des Krokodils herauszuzerren; er wurde dafür mit der Silbermedaille der British Humane Society ausgezeichnet.

Schatten im Meer

Im Meer zeichnet der Weiße Hai für die meisten Angriffe auf Menschen verantwortlich. Dieser Riese unter den Haien wird etwa 7,5 m groß, und das einzig Berechenbare an ihm ist seine Unberechenbarkeit.

Weiße Haie sind in allen Ozeanen heimisch, sowohl in gemäßigten Breitengraden als auch in tropischen Gewässern. Die jungen Haie ernähren sich hauptsächlich von Fischen und Tintenfischen, aber ab einer bestimmten Größe (etwa 4 m) verlegen sie sich auf warmblütige

Beute wie Robben, Seelöwen und Seeotter, und vor der kalifornischen Küste attackieren Haie auch See-Elefanten.

Im Herbst versammeln sich die See-Elefantenbullen in der Nähe ihrer Paarungsplätze entlang der kalifornischen Küste, beispielsweise bei den Farallon Islands westlich von San Francisco. Sobald sie den Strand erreichen, müssen die Bullen um die Weibchen kämpfen. Deshalb warten sie häufig erst einmal vor der Küste, um ihre Konkurrenten zu taxieren. Diese Zurückhaltung kann sich jedoch tödlich für die Bullen auswirken.

Denn unter ihnen gleitet ein Schatten durch die Tiefe, bringt sich selbst in eine Position, in der sein grauer Rücken mit dem dunklen Felsuntergrund zu verschmelzen scheint und nicht gegen den hellen Sand hervorsticht. An Land erheben sich in diesem Augenblick alle Möwen gleichzeitig in die Lüfte, da sie die kaum wahrnehmbaren Bewegungen unter der Wasseroberfläche bemerkt haben und nun mit einer Mahlzeit rechnen. Sie kennen die Zeichen und wissen, was jetzt geschehen wird.

Langsam nähert sich der riesige Schatten eines gewaltigen Weißen Hais von hinten einem See-Elefanten. Er hebt sein Maul und entblößt sein furchterregendes Gebiß mit mehreren Reihen dreieckiger, scharfkantiger, sägeblattförmiger Zähne. Seine Augen klappt er nach hinten in die schützende Augenhöhle und schwimmt nun blind auf sein Opfer zu, nur geleitet von seinen Sensoren am Maul, die jede Muskeltätigkeit seiner Beute registrieren. Aber im letzten Moment nimmt die Robbe die Gefahr unter ihr wahr und bewegt sich ruckartig zur Seite. Der Hai ist nicht mehr in der Lage, seine Attacke zu unterbrechen und schießt aus dem Wasser. Mit einem gewaltigen Spritzer klatscht der massige Fisch zurück ins Wasser und verschwindet wieder in der Tiefe.

Ganz in der Nähe greift ein anderer Hai einen glückloseren See-Elefanten an, und in einem Wirbel aus Blut und Schaum reißt er ihm ein riesiges Stück Fleisch und Speck aus der Seite. Die Attacke ist kurz, aber tödlich. Der Hai wartet in sicherer Entfernung, bis die Robbe verblutet ist, da ihn die Krallen eines ausgewachsenen See-Elefanten schwer verletzen könnten. Aus diesem Grund entscheidet er sich für eine »Angriff-und-Abwarten«-Strategie, während sich die Möwen versammeln und Stücke aus der Haut und dem Fleisch des Opfers picken.

Sobald die Beute ihren Verletzungen erlegen ist, muß der Hai soviel wie möglich fressen. Von einem 35 kg schweren Brocken Speck kann er etwa eineinhalb Monate zehren, aber möglicherweise gelingt ihm erst nach mehreren Monaten ein weiterer Jagderfolg, der ihm wieder Nahrung liefert. Sofort nach der Mahlzeit steigt die Temperatur seines Magens um etwa 6 °C an, wodurch die Verdauung beschleunigt wird, damit der Weiße Hai bald wieder fressen kann.

Diese Haifisch-Attacken auf Robben und Seelöwen finden überall entlang der Pazifikküste Nordamerikas statt – eine Küstenlinie, die nicht nur für ihre Fauna und Flora bekannt ist, sondern auch als Surf- und Badeparadies. Hier geraten die Natur und das Erholungsbedürfnis des Menschen in Konflikt. Moderne Surfbretter erinnern von unten (mit den herabbaumelnden und paddelnden Armen und Beinen) an Robben. Darüber hinaus bewegen sich diese »Robben« ausgesprochen merkwürdig und zeigen ein Verhalten, das die Aufmerksamkeit des Räubers erregt – vergleichbar dem Verhalten von kranken und alten Tieren in der afrikanischen Steppe. Das Ergebnis ist unvermeidlich. Surfer in der Nähe von Robbenkolonien werden angegriffen und teilweise auch getötet.

Der Hai folgt dabei seinem normalen Angriffsmuster: Er nähert sich seiner »Beute« schräg von hinten; aber in dem Augenblick, wo er seinen Irrtum bemerkt und sich seine Hoffnung auf ein saftiges Robbensteak schlagartig in die harte Realität eines Surfbretts verwandelt, ist es bereits zu spät. Der Hai schlägt zu und wartet – entsprechend seiner seit Millionen von Jahren perfektionierten »Angriff-und-Abwarten«-Strategie – darauf, daß das Surfbrett »stirbt«. Gerade dieses abwartende Verhalten machte es möglich, daß viele Menschen einen Angriff des größten und mächtigsten Raubfisches überleben konnten. Wenn sie nicht zu schwer verwundet sind und zuviel Blut verloren haben, besitzen sie eine Überlebenschance.

Der Weiße Hai ist der größte Raubfisch der Welt und zugleich einer der besten Räuber des Meeres. Seine Kiefer sind mit mehreren Reihen scharfkantiger, dreieckiger Zähne besetzt, mit denen er durch Fleisch, Speck und Knochen schneiden kann. Beim Zubeißen halten die unteren Zähne – auf dem Foto sichtbar – die Beute fest und die oberen Zahnreihen, unterstützt vom seitlichen Schütteln des Kopfes, reißen mundgroße Stücke ab.

Eine Herde von Aristoteleshirschen grast friedlich im seichten Wasser, ohne zu bemerken, daß sich ein einzelner Tiger herangepirscht hat. Die Raubkatze hat sich den Tieren bis auf 20 m genähert; nun bricht sie plötzlich aus der Vegetation hervor und springt ins Wasser. Während sich die Herde verstreut, wird ein langsameres Jungtier gefangen und mit einem schnellen Biß ins Genick getötet. Der Tiger zerrt seine Beute in ein Gestrüpp am Seeufer, um sie dort in Ruhe zu verspeisen.

»Save the Tiger« (Rettet den Tiger) war sowohl eine Erfolgsgeschichte als auch ein Alptraum des Naturschutzes. Zwar konnte die Population der Tiger vermehrt werden, aber gleichzeitig verringerte sich ihr Lebensraum. Aufgrund der eingeschränkten Wildbestände gingen die Tiger dazu über, Vieh (wie die Kuh auf dem Foto links) und sogar Menschen anzufallen.

Im Sundarbans-Tigerschutzgebiet in Westbengalen, Indien, haben die Angriffe auf Menschen zu neuen Methoden geführt, mit denen die Tiger abgeschreckt werden sollen. Diese Puppe wurde wie ein Holzfäller gekleidet; sie ist mit Draht umwickelt und versetzt einem angreifenden Tiger einen elektrischen Schlag. Man hofft, daß diese unangenehme Überraschung die Raubkatzen davon abhalten wird, einheimische Holzfäller und Fischer zu überfallen und zu töten.

Ein wütendes Warzenschwein ist ein furchtbarer Gegner für einen einzelnen Leoparden. Die kurzen, scharfen Hauer des Oberkiefers können der großen Katze gefährliche Wunden beibringen; deshalb muß der Leopard diese Beute erst ermüden (was bis zu 2 Stunden dauern kann), um sie zu bezwingen. Normalerweise töten Leoparden schnell.

Da ihre hart erkämpfte Beute häufig von Löwen oder Hyänen gestohlen wird, zerren Leoparden die Kadaver hoch auf Bäume. Dort trinken sie das Blut und zupfen manchmal erst das Fell oder die Federn ab, bevor sie zu fressen beginnen.

▲

Schneeleoparden leben unter härtesten Bedingungen in der rauhen Umgebung der Bergketten Zentralasiens. Zu ihrer Beute gehören Blauschafe, Markhore (die größte Ziegenart), Murmeltiere und Vieh. Trotz seines dicken Fells kann ein Schneeleopard seine Beute im Schnee überholen und bis 13 m weit springen.

◄

Der Jaguar ähnelt dem Leoparden, aber sein Verbreitungsgebiet liegt in Süd- und Mittelamerika. Er besitzt einen kompakteren Körperbau mit kürzeren Beinen und einen kurzen Schwanz, Anpassungen an seinen Lebensraum (den Dschungel). Jaguare sind gute Schwimmer und halten sich oft in der Nähe des Wassers auf. Die in Belize lebenden Tiere ernähren sich hauptsächlich von Gürteltieren, während die Jaguare im Bereich des Mato Grosso Wasserschweine jagen.

Der Eisbär der Arktis ist ein Riese, der mit dem Kodiakbären um den Titel des größten Landraubtieres wetteifert. Der Bär auf dem Foto wartet ruhig an einem Loch im Eis, bis eine Robbe zum Atmen auftaucht. Die Robbe wird eine furchtbare Überraschung erleben, denn der Bär kann sie mit einem einzigen Schlag seiner Vordertatze aus dem Wasser holen.

Nachdem sie ihre Beute gefangen haben – hauptsächlich Ringelrobben, die häufigste Robbenart der Arktis – fressen die Eisbären vor allem das Fleisch und den Speck des Opfers. Sie können bei einer Mahlzeit bis zu 40 kg zu sich nehmen, während die Reste Aasfressern wie Polarfüchsen und Raubmöwen als Mahlzeit dienen.

Ein Weißbauch-Seeadler stößt auf das Wasser herunter, um mit seinen Fängen und Krallen einen Fisch an der Oberfläche zu fangen.

Fischadler sind auf der ganzen Welt verbreitet. Sie fangen die Fische an der Wasseroberfläche, indem sie sich mit vorgestreckten Fängen ins Wasser fallen lassen. Dieser Fischadler in Florida hatte Erfolg: Er trug den Fisch wie einen Torpedo – mit dem Kopf nach vorne, um den Luftwiderstand zu verringern – zu seinem Lieblingssitz, um dort in Ruhe zu fressen.

Gemeinschaftliche Jagd

Allein jagende Tiere leiden oft Hunger, aber mit ein wenig Unterstützung von seiten des Rudels steigt die Chance des einzelnen auf Beute.

Durch diese Teamarbeit ist auch sichergestellt, daß die erlegte Beute nicht gestohlen wird; denn häufig stehen rivalisierende Rudel und Aasfresser schon bereit, um dem Raubtier die Beute unter der Nase wegzuschnappen. Ein wachsames Rudel ist daher eine gute Abschreckung. So sind Löwen zwar große und mächtige Tiere, aber ein einzeln jagender Löwe läuft sehr schnell Gefahr, von einer Meute dreister Hyänen überfallen und seiner schwerverdienten Beute beraubt zu werden. Bei einem ganzen Trupp Löwen sind die Hyänen vorsichtiger.

Kooperation setzt aber Kommunikation voraus: In einem erfolgreichen Team müssen die Mitglieder miteinander kommunizieren – durch Laute, Körpersprache, Gerüche oder Berührungen. Sie müssen die sozialen Abläufe der Teamarbeit innerhalb einer durchorganisierten Gruppe verstehen, ihren eigenen Status kennen und ihre Rolle spielen, ohne sich zu drücken. Streitigkeiten müssen verhindert werden, denn sie schwächen das Team; und der Erfolg der ganzen Gruppe hängt von jedem einzelnen Mitglied ab.

So überrascht es nicht, daß gemeinschaftlich jagende Tiere über gut entwickelte Kommunikationsmethoden und ritualisierte Verhaltensformen verfügen, die die Gruppenhierarchie festigen. Die meisten dieser Jagdgruppen haben einen Anführer, ein dominantes Tier, das alle anderen respektieren. Manchmal ist es ein Männchen, oft genug aber auch ein herausragendes Weibchen – das einzige Weibchen des Rudels, das Junge gebären darf.

Das Teilen der Beute ist einer der größten Nachteile der gemeinschaftlichen Jagd, weil jedes Tier der Gruppe weniger Nahrung bekommt als ein einzelnes Raubtier, das alleine Wild erlegt. Daher müssen Räuber die Vor- und Nachteile der gemeinschaftlichen Jagd sorgfältig abwägen. Einige arbeiten mit beiden Methoden: In Zeiten geringer Beutetierbestände oder bei zu großen Beutetieren bringen sie das Wild gemeinsam zur Strecke, und nur dann, wenn es sich um kleine Tiere handelt oder diese zahlreich sind, gehen sie allein auf die Pirsch.

Ein Rudel Löwen

Löwen sind sehr faule Tiere. Die meiste Zeit des Tages liegen sie schläfrig herum, kratzen sich gelegentlich oder starren vor sich hin. Die Weibchen übernehmen die Jagd, die ausgewachsenen Männchen spielen dabei keine Rolle. Ihre Aufgabe ist der Schutz des Rudels, das aus bis zu zwei erwachsenen Löwen, sechs Löwinnen und einem Dutzend Jungen unterschiedlichsten Alters (zwischen 10 und 14 Monaten) bestehen kann. Das Jagdrevier eines Löwenrudels erstreckt sich beispielsweise in der Serengeti in Afrika über eine Fläche von 140 km^2, während nomadisch lebende Rudel im Jahr etwa 2400 km zurücklegen, wenn sie den riesigen Gnuherden auf ihren jährlichen Wanderungen folgen.

Die Jagd beginnt bei Sonnenuntergang. Das ortsansässige Rudel interessiert sich plötzlich für die endlose, auf- und abwogende Menge der Huftiere, die in gemächlichem Tempo dahertrottet, da keine offensichtliche Gefahr lauert. Die Löwen beobachten die Herde mit wachsamen Augen und gespitzten Ohren von einem Hügel aus. Nur das Zucken eines Schwanzes verrät ihre Absicht. Das Rudel wird nun unruhig; die Jagd kann beginnen.

Eines der Weibchen entfernt sich jetzt vom Rudel, während die Gnuherde friedlich grast und noch nichts gewittert hat. Von den Tieren unbemerkt, schleicht sich die Löwin seitlich an die Herde heran, um ihnen den Fluchtweg abzuschneiden. In diesem Augenblick recken und strecken sich die anderen Weibchen und schleichen sich zwischen den Grasbüscheln der Savanne an. Die Jagd ist in vollem Gange.

Jede der Löwinnen preßt sich flach auf den Boden, nur der Kopf bleibt erhoben. Ein Gnubulle schnaubt und schaut auf. Das Rudel verharrt regungslos. Zwischen den langen Grashalmen ragen nur ein paar Ohren hervor. Die Löwin, die sich seitlich herangepirscht hat, ist nicht zu sehen, aber nichtsdestotrotz zum Angriff bereit. Der Wind steht günstig für die Raubkatzen, er weht von den Gnus zu ihnen herüber, so daß die Herde ruhig weitergrast.

Das Rudel hat sich bereits für ein Opfer entschieden – ein ungeschütztes Jungtier oder ein altes bzw. schwaches Gnu.

Irgendwie weiß jede Löwin, um welches Tier es sich genau handelt, denn sein Verhalten, das vom Rudel sorgfältig beobachtet wurde, macht es zum Jagdziel der Raubkatzen.

Langsam schieben sich die Löwinnen an das ahnungslose Beutetier heran. Bei jeder Bewegung, jedem Zeichen von Wachsamkeit seitens der Gnuherde erstarrt das Rudel, wartet und setzt seine langsame, methodische Vorstoßtaktik fort. Löwen sind Pirschjäger; sie müssen sich ihrem Ziel bis auf mindestens 30 m nähern, bevor sie ihre Deckung aufgeben und an-

Ausgewachsene männliche Löwen sind faul. Als Jungtiere haben sie noch ihr eigenes Fressen gefangen, aber sobald sie das Rudel übernehmen, überlassen sie den Löwinnen die Jagd. Wenn die Beute gefangen und getötet ist, dürfen die Männchen als erste fressen – die anderen Tiere des Rudels bekommen die Reste.

Durch Kooperation zum Erfolg

Ein einzelner afrikanischer Löwe, der es auf eine Thompsongazelle abgesehen hat – dem üblichen Beutetier der afrikanischen Savanne (das offenbar von allen Raubtieren geschätzt wird) – kommt nur in 15 Prozent seiner Angriffe zum Ziel. Eine kleine Gruppe von 2–4 Tieren hat dagegen bereits eine Erfolgsrate von 32 Prozent; und Löwen in einem großen Jagdtrupp sind abermals erfolgreicher. Denn vereinte Bemühungen erhöhen die Jagdchancen. Da die Jagd in einem gut organisierten Team eindeutige Überlebensvorteile bietet, gehen viele Tiere wie etwa Löwen, Hyänen, afrikanische Wildhunde, Rothunde, aber auch Delphine und Schwertwale nach dieser Methode vor.

greifen können. Auf einer kurzen Strecke kann eine Löwin zwar eine Geschwindigkeit von 58 km/h erreichen, aber viele Beutetiere sind schneller und können vor allem das Tempo länger halten. Da hilft nur die Pirsch, die durch das Überraschungsmoment zur erfolgreichen Jagdstrategie wird.

In der Zwischenzeit haben sich die Löwinnen der Herde bis auf wenige Meter genähert, und auf ein geheimes Signal preschen sie plötzlich los. Die aufgeschreckten Gnus rennen zunächst in alle Richtungen, schließen sich dann aber wieder der davongaloppierenden Herde an, die vom Rudel erst in die eine und dann in die andere Richtung gehetzt wird. In der allgemeinen Aufregung gelingt es den Löwinnen, das ausgewählte Beutetier zu isolieren. Das Gnu rast wild und schnell, aber irgendetwas behindert das Tier: Es zieht ein Bein ein klein wenig nach, vielleicht die Folge eines Sturzes bei einer früheren Attacke. Dennoch ist es sehr viel schneller als die Löwinnen.

Plötzlich springt die erste Löwin hinter einem Busch hervor und geht auf das verängstigte Gnu los. Aber das Tier ist stärker als erwartet und wild entschlossen, zu überleben. Mit dem Kopf nach unten stürmt es auf die Löwin zu. Diese springt zur Seite, fällt zu Boden und rollt sich auf ihren Rücken, die Pfoten nach oben gerichtet. Das Gnu wittert einen Vorteil und stößt mit seinen mächtigen Hörnern nach der ungeschützten Flanke der Raubkatze. Aber genau darauf hat die Löwin gewartet. Durch eine Drehung ihres Körpers schlingt sie ihre Pfoten um den Hals des Gnus und wirft es auf die Seite. Im gleichen Moment versenkt sie ihre Zähne im Nacken des Beutetieres. Während sich das Opfer noch windet und unter dem schraubstockartigen Griff langsam erstickt, stürmen die anderen Löwinnen herbei und reißen der Beute den Körper auf.

In der Ferne erhebt sich nun ein Löwe und bewegt sich zügig in Richtung Kadaver. Seine zottige Mähne flattert im Wind und läßt ihn noch größer und mächtiger erscheinen. Mit einem lauten Knurren vertreibt er die Jägerinnen und sucht sich die besten Fleischstücke aus. Die Weibchen versammeln sich am anderen Ende des Kadavers, und schließlich trifft auch der Rest des Rudels ein – einschließlich der Jungen und Halbwüchsigen. Die Löwenjungen dürfen erst als letzte fressen, denn sie bilden die unterste Stufe innerhalb der Hierarchie. Aber schließlich bekommen auch sie ihr Futter. Das Rudel ruht sich nun aus; die Jagd ist vorbei.

Eine Löwin jagt gemeinsam mit ihren Schwestern und anderen nahen Verwandten, um große Tiere wie etwa Zebras erlegen zu können. Während ein Tier aus dem Rudel unauffällig hinter dem Beutetier herschleicht und ihm so den Rückweg versperrt, bewegen sich die anderen langsam vorwärts, um im richtigen Moment aus ihrem Versteck hervorzubrechen und die Jagd zu beginnen.

Die Schwesternschaft der Hyänen

Tüpfelhyänen wirken zwar ungeschlacht, bilden aber eine enge Gemeinschaft von weiblichen Räubern, die hauptsächlich nachts auf die Jagd geht. Die Hyänen fangen oder stehlen nicht nur alles, was sie finden, sondern fressen auch alles, inklusive der Knochen, Hörner, Hufe und Haare ihrer Beute. Sie fungieren als die »Mülleimer« Afrikas, die nur völlig Unverdauliches wieder hochwürgen. Mit ihren extrem kräftigen Kiefern und ihren scharfen Zähnen können sie Fleisch und selbst dicke Knochen zerbeißen; 38 Hyänen eines Rudels wurden dabei beobachtet, wie sie den Kadaver eines ausgewachsenen Zebras innerhalb von 15 Minuten zerrissen und verschlangen, und nur noch ein Flecken auf der Erde zeugte von dem unglücklichen Beutetier.

Hyänen zählen nicht nur zu den Aasfressern, sie sind auch erfahrene Jäger. Eine einzelne Hyäne kann ein ausgewachsenes Gnu über eine Entfernung von 5 km mit einer Geschwindigkeit bis 60 km/h verfolgen und schließlich zur Strecke bringen. Bei diesen Raubtieren spielen Ausdauer und Geschwindigkeit eine wichtigere Rolle als die Pirsch. Rudel mit 10 bis 15 Hyänen attackieren erheblich größere und kräftigere Zebras als Einzeltiere, und in der Serengeti sind Rudel von 50 oder mehr Hyänen keine Seltenheit.

Das Rudel wird stets von einem Weibchen angeführt, und auch die anderen ranghöchsten Tiere sind weiblich. Dagegen haben die bedeutend kleineren Männchen einen sehr geringen Status, werden aber von den Weibchen insofern imitiert, als diese eine penisähnliche Körperausbuchtung entwickelt haben. Beide Geschlechter besitzen einen sehr kräftigen Körperbau mit längeren Vorderläufen und einem schräg abfallenden Rücken – auf dem (der Sage nach) Hexen reiten können.

Wenn zwei Tüpfelhyänen aufeinandertreffen, strecken sie zur Begrüßung ihre Afterdrüse hervor und heben ihr Hinterbein, damit sie sich gegenseitig die Genitalien beschnüffeln und lecken können. Dieses Verhalten gilt unter Hyänen als Passierschein und Mitgliedskarte. Aber ihre Afterdrüse produziert auch noch eine cremige Ausscheidung mit stechendem Geruch, die die Eingeborenen als »Hexenbutter« bezeichnen und mit der Hyänen regelmäßig ihr Revier markieren, um andere Rudel fernzuhalten. Jede Hyäne erzeugt ihren ganz persönlichen Duft, den sie dann in Nasenhöhe anderer Hyänen auf Gräsern verteilt. Darüber hinaus werden die Reviergrenzen auch durch gemeinsame Urin- und Fäkalienorte markiert.
Während der Jagd oder auf dem Streifzug durch ihr Revier halten die Tiere ständig Kontakt untereinander, indem sie spezielle Schreie, jaulende Laute oder ein dämonisches Keckern ausstoßen, wobei jede Hyäne eine eigene, individuelle Stimme besitzt.
Ihr Lager ist meistens ein aufgegebener Erdferkelbau, in dessen Nähe sich das Hyänenrudel während des Tages ausruht. Gegen Sonnenuntergang strecken und dehnen sie sich ausgiebig, und sobald der Sammelruf ertönt, kommen sie zusammen und beschnüffeln und lecken sich gegenseitig. Wenn dieses Zeremoniell seinen Höhepunkt erreicht, ist das Rudel zur Jagd bereit. Eine Herde Zebras ist ihr heutiges Ziel. Aber die Hyänen sind nicht die einzigen auf der Suche nach Beute; auch die Löwen beobachten die Herde.

Wenn der Löwe der König der Tiere ist, kann man die Hyäne getrost als den »Fürst der Diebe« bezeichnen. Ein Rudel Tüpfelhyänen verjagt drei Löwinnen von ihrer Beute; sie versuchen sich zwar zu verteidigen, werden aber durch die bloße Übermacht der Hyänen in die Flucht geschlagen.

Die Hyänen arbeiten sich an die Herde heran, um sie dann mit hoch erhobenem Schwanz auseinanderzutreiben. In dem allgemeinen Durcheinander wird ein Zebrafohlen isoliert, auf das sich die Anführerinnen des Rudels mit einem Jaullaut stürzen, immer auf der Hut vor den rasierklingenscharfen Hufen des wild um sich tretenden Muttertiers. Die Mutter und ein herbeigekommener Hengst greifen nun ihrerseits die Hyänen an, aber es ist bereits zu spät. Das Rudel kommt zusammen und überwältigt das Fohlen, während sich das Muttertier wieder der Herde anschließt, die in Panik wild hin und her galoppiert.
In der Zwischenzeit wittern die Löwen jedoch die Gelegenheit für einen Überraschungsangriff: Eine Löwin springt das Muttertier an, das die Raubkatzen nicht bemerkt hatte, und bringt es zu Fall. Nicht weit davon entfernt wurde das Fohlen bereits von den Hyänen auseinandergenommen, die den Kadaver bis auf den letzten Rest verschlingen, wobei die gierigsten Tiere am meisten Fressen bekommen; eine Hyäne kann bei einer einzigen Mahlzeit fast das Dreifache ihres eigenen Körpergewichts zu sich nehmen. Aber das Zebrafohlen war relativ klein, und die Hyänen sind noch hungrig; den Löwen, die sich zu einem Mitternachtsschmaus niedergelassen haben, steht noch eine Überraschung bevor.
Andere, von den über die dunkle Steppe schallenden Sammelrufen angelockte Rudelmitglieder kommen herbei und erkennen, daß ihnen auch der zweite Kadaver zum Opfer fallen

könnte. Sie umzingeln die Löwen, scheinen sie durch Jaulen und Keckern zu verspotten. Ein großes Stück des Zebrakadavers wurde inzwischen von drei jungen Löwen auf die Seite gezerrt, auf die die Hyänen nun ihre Bemühungen konzentrieren, weil sie leichter einzuschüchtern sind als ihre Eltern. Die Hyänen greifen an, verscheuchen die Löwen für einen kurzen Moment und verschwinden im nächsten Augenblick mit ihrer Beute.
Aber man sollte Löwen nie unterschätzen. Ein großer Löwe nutzt einen günstigen Moment und packt eine unachtsame Hyäne am Hals. Während das Tier langsam erstickt, ziehen sich die älteren Löwen zurück – schließlich müssen die Jungen ja auch etwas zu fressen bekommen.

Wildhunde in Afrika

Bei der Jagd nach Beute vertrauen Löwen auf den Angriff aus dem Hinterhalt, Hyänen auf brutale Gewalt und Wildhunde auf ihre Ausdauer und Entschlossenheit. Sie jagen meistens während der kühlen Abend- und Morgenstunden, können aber auch an einem bewölkten Tag oder während einer Vollmondnacht auf Pirsch gehen. Ihr Jagdrevier ist die Steppe, da sie ihre Beute – meist Antilopen wie etwa Schwarzfersenantilopen und Springböcke – sichten müssen. Steht das Opfer fest, hetzt es die Meute solange über die Steppe, bis das Tier erschöpft ist und leicht getötet werden kann.
Ein Beutetier steht etwas abseits von seiner Herde und zwei Wildhunde beginnen die Jagd, während der Rest der Meute gemächlich hinterherläuft und sich fächerförmig hinter der Beute verteilt. Wenn die ersten Hunde ermüden, kehren sie zur Meute zurück, und zwei andere Tiere übernehmen ihren Platz, bis auch sie sich von zwei weiteren Meutemitgliedern ablösen

Afrikanische Wildhunde sind relativ klein und müssen eng zusammenarbeiten, um ein großes Beutetier zu erlegen. Während einige der Tiere versuchen, sich in Ohren oder Lippen zu verbeißen, wenden sich die anderen den Hinterläufen der Beute zu, bis diese geschwächt unter dem Gewicht der Hunde zusammenbricht.

lassen. Auf diese Weise können sie das Opfer konstant bei 70 km/h jagen, bis es schließlich erschöpft langsamer wird. Diese (für das menschliche Auge nicht wahrnehmbare) Temporingerung ist für die Hunde das Zeichen zum Angriff: Die beiden nächsten Hunde fallen das Tier am Bauch und an den Flanken an, reißen Stücke Fleisch heraus und schwächen ihr Opfer durch diesen Blutverlust zusätzlich. Die Beute stirbt keinen schönen Tod und strauchelt schließlich zu Boden – die Eingeweide manchmal über die Savanne verteilt. Im nächsten Augenblick stürzt sich die Meute in einem Anfall von Jagdfieber auf ihre Beute, zerreißt sie in tausend Stücke und verschlingt sie innerhalb von 10 Minuten – begleitet von lautem Knurren und Winseln. War die Beute klein und die Meute groß, begeben sich die Hunde wieder auf die Jagd nach einer weiteren Mahlzeit. Im Gegensatz zu den anderen Steppenbewohnern vergreifen sich Wildhunde nur selten an Aas, aber in Hungerszeiten vertreiben sie auch schon mal einen ausgewachsenen Löwen von seiner Beute.
In manchen Gegenden haben die Wildhunde gelernt, wie sie durch gemeinsame Jagd größere Beutetiere erlegen können. Zebras sind im allgemeinen sehr kräftig, so daß sich die Wild-

hunde meist nicht herantrauen. Andererseits ist ein solches Zebra natürlich eine fette Beute mit viel Fleisch, von dem sogar eine große Meute gut leben kann. In der Serengeti in Tansania haben die Wildhunde das Erlegen von Zebras erlernt, ohne sich dabei Verletzungen von den scharfen Hufen zuzuziehen.
Die Jagdtechnik ist im Prinzip die gleiche wie beim Erlegen einer Antilope: Das Zebra wird bis zur Erschöpfung gehetzt. Aber dann bedienen sich die Hunde einer anderen Taktik; statt die Flanken anzugreifen und fürchterliche Huftritte einzustecken, schnappt sich ein Hund den Schwanz des Zebras, und ein anderer verbeißt sich in der Oberlippe des Opfers. Beide lassen nun nicht mehr locker, bis der Rest der Meute die verwundbare Unterseite des Beutetiers angreift und ihm schließlich den Bauch aufreißt. Mit dieser Technik können schon vier Wildhunde ein ausgewachsenes Zebra erlegen, das zehnmal größer ist als die Hunde.
Diese Taktik ist interessanterweise erlernt; junge Hunde beobachten ihre Eltern und lernen von ihnen. Außerdem beschränkt sich dieses Verhalten nur auf zwei Gruppen von Hunden, die es auch erst seit etwa zehn Jahren (drei aufeinanderfolgende Generationen) zeigen.

Einst durchstreiften Wölfe große Gebiete der nördlichen Hemisphäre; heute findet man sie nur noch in den einsameren Gegenden Alaskas, Kanadas und Sibiriens. Kleinere Populationen haben auch in den Nationalparks der USA, in Polen, der Tschechischen und Slowakischen Republik, in Portugal, Spanien, Italien, Teilen Südosteuropas und in Indien überlebt.

Das Wolfsrudel

Ein Wolfsrudel ist eine eng zusammenarbeitende, disziplinierte und effiziente Gruppe von Jägern. Im Winter besteht die Nahrung der in den Nadelwäldern Nordamerikas lebenden Wölfe hauptsächlich aus Rentieren, Elchen und Rotwild, während sie im Sommer Hasen, Biber und Nagetiere jagen.
Die Größe des Rudels hängt von den bevorzugten Beutetieren ab; so sind in Gegenden mit

großen Elchbeständen vielköpfige Rudel mit bis zu 20 Tieren keine Seltenheit. Dagegen bestehen Wolfsrudel, die hauptsächlich Rotwild jagen, im allgemeinen nur aus 7 oder 8 Tieren. Jedes Rudel wird von einem Anführerpaar – dem sogenannten Alpha-Männchen und Alpha-Weibchen – geleitet, die auch als einziges Paar im Rudel für Nachwuchs sorgen. Das Revier eines Wolfrudels kann zwischen 100 km² oder 1000 km² umfassen, und manchmal müssen bis 50 km am Tag zurückgelegt werden, bis die Tiere Nahrung finden. Die Rudel angrenzender Gebiete kämpfen nur selten miteinander; sie versuchen statt dessen, jegliche Konfrontation zu vermeiden und teilen den anderen Rudeln durch lautes Heulen jeweils vor und nach der Jagd ihre Größe und Stärke mit. Man hat sogar herausgefunden, daß kleinere Rudel während ihres Streifzugs das Echo ihres Wolfsheulens, das von Bäumen und Blättern reflektiert wird, gezielt einsetzen, um anderen Rudeln eine größere Gruppe vorzutäuschen.
Der Jagd geht meist ein gemeinsames Chorheulen mit zahlreichen Begrüßungsgesten wie etwa gegenseitigem Kopfreiben oder dem Lecken der Schnauzen voraus. Dann begibt sich das Rudel auf die Pirsch, wobei die Tiere einzeln hintereinander herlaufen. Die Erfolgschancen

Wenn Wildhunde nach der Jagd zum Bau zurückkehren, warten die Jungen schon auf sie und nähern sich einzeln den erwachsenen Tieren, um ihnen das Gesicht zu lecken. Dadurch werden die Jäger angeregt, das Fleisch wieder hervorzuwürgen – eine automatische Reflexhandlung.

hängen sehr stark von der Größe, Geschwindigkeit und Verteidigungsstrategie des Beutetiers ab: Ein ausgewachsener Hirsch beispielsweise ist sehr wohl in der Lage, einem Wolfsrudel davonzulaufen, während ein gesunder Elch wahrscheinlich den Kampf mit den Raubtieren aufnimmt und sie zur Aufgabe zwingt – nur in einem von zwölf Fällen verliert der Elch. Moschusochsen nehmen bei einem Angriff eine geschlossene Verteidigungslinie ein; die ganze Herde scharrt und stampft mit den Füßen, wobei die ausgewachsenen Tiere der Gefahr ins Auge schauen und die Jungen sich hinter ihnen verstecken. Bei dieser beinah undurchdringlichen Mauer aus Hufen und Hörnern haben die Wölfe nur eine Chance: Sie müssen die Herde so aufscheuchen, daß die Beutetiere in Panik davonstürmen, und sich dann ein langsameres Jungtier packen.

Alle Raubtiere (einschließlich der Wölfe) besitzen ein besonderes Gespür für das beste Jagdziel – meistens ein Jungtier oder alte bzw. kranke Tiere. Manchmal hetzt ein Wolfsrudel seiner Beute, beispielsweise einem Hirsch, über mehrere Kilometer hinterher, während die Tiere bei einer anderen Gelegenheit die Jagd sehr schnell aufgeben. Sie erkennen am Lauf des Hirsches, ob er erlegt werden kann.

Im Gegensatz zu den Großkatzen, die ihre Beute mit einem gezielten Tötungsbiß in den Hals töten, springen die Wölfe ihr Opfer an und reißen Fleischstücke aus seinen Flanken und dem Bauch. Sobald sich das Tier nicht mehr auf den Beinen halten kann, stürzt sich das ganze Rudel darauf und zerreißt es in tausend Stücke. Bei der Elchjagd gehen die Wölfe jedoch nach einer etwas anderen Methode vor. Da bereits ein einziger Tritt des Elchs für einen Wolf tödlich enden kann, verbeißt sich einer der Wölfe im Maul des Tiers und läßt trotz der Gefahr nicht mehr los. Diese Taktik ähnelt der Jagdstrategie einiger afrikanischer Wildhundmeuten; auf diese Weise wird verhindert, daß das Beutetier mit den Vorderhufen ausschlägt, während der Rest der Meute das Tier von hinten angreift.

Sobald die Beute erlegt ist, erfolgt eine weiteres gemeinsames Chorheulen, durch das verstreute Rudelmitglieder wieder zu ihrer Gruppe zurückfinden, bevor gemeinsam gefressen wird. Bei mangelndem Nahrungsangebot, wie etwa im Winter, bleibt nichts von der Beute übrig – es sei denn, das Tier war zu groß, um während einer einzigen Mahlzeit verschlungen zu werden. Dann wird der Rest für später unter dem Schnee versteckt.

Wenn im Frühsommer die Jungen heranwachsen, bleiben ein oder zwei Halbwüchsige und ältere Rudelmitglieder zum Schutz der kleinen Wölfe in der Nähe der Höhle, während die anderen auf Jagd gehen. Kehren die Jäger mit gefüllten Mägen zurück, lecken die Welpen deren Maul, damit sie das verschlungene Fleisch in einem automatischen Reflex wieder hochwürgen. Manchmal bedrängen die Kleinen die zurückkehrenden Wölfe derartig, daß diese das hervorgewürgte Fleisch sehr schnell wieder selbst fressen, als wäre es gar nicht ihre Absicht gewesen, das Futter abzugeben.

Rothunde – Plünderer im Morgengrauen

Der asiatische Wildhund oder Rothund gilt als grausamer und bösartiger Jäger. Die Tiere leben und jagen in Rudeln von bis zu 20 Hunden, wobei kleinere Gruppen sehr viel häufiger vorkommen. So besteht ein typisches Rothundrudel aus etwa 8 ausgewachsenen Tieren und ungefähr gleich vielen Jungen, die alle von dominierenden Weibchen stammen. Ihr Jagdrevier erstreckt sich im allgemeinen auf einer Fläche von 40 km^2, deren Grenzen durch gemeinsame Urin- und Fäkalorte fest umrissen sind.

Rothunde gehen am Tag (und manchmal während einer mondhellen Nacht) auf die Jagd, die bereits im frühen Morgengrauen beginnt. Die Tiere sitzen oder stehen auf einer Lichtung und stoßen in regelmäßigen Abständen eine Art Sammelruf aus. Wenn alle Hunde auf diese Weise ihre Bereitschaft zur Jagd erklärt haben, erhebt sich das Rudel und streift durch das lange Gras. Plötzlich verharrt das Alpha-Männchen, schnüffelt in der Luft und erstarrt: Es hat die Fährte eines Axishirsches aufgenommen. Nun versucht einer der Rothunde so hoch in die Luft zu springen, daß er über das Gras hinwegsehen kann, während sich ein anderer Hund auf die Hinterbeine stellt: Die Herde grast nicht weit entfernt.

Das Rudel greift nun zu verschiedenen Jagdtaktiken: Zunächst verteilen sich die Rothunde fächerförmig im Gras, wobei das erste Rudelmitglied, das mit einer Beute in Kontakt kommt, die Jagd eröffnen wird. Der Warnruf des Hirsches ist für die anderen das Signal, dazuzustoßen. Mit gespitzten Ohren und wachsamen Augen streift die Meute vorwärts.
Plötzlich ertönt der Warnruf, und die Hirsche stürmen auf den nahen Wald zu. Wie der Wind schließt das restliche Rudel mit dem ersten Rothund auf und jagt dem Wild hinterher, aber das Beutetier ist zu schnell. Bevor sie zuviel Energie und Kraft verschwenden, bläst der Anführer des Rudels den Angriff ab: Es erschallen verschiedene Pfiffe, und das Rudel versammelt sich wieder.
Nun kommt die zweite Jagdtaktik zum Tragen; während die Meute am Waldrand wartet, verschwinden zwei Rothunde zwischen den Bäumen. Ihre Aufgabe ist es, das Wild aufzuscheuchen und zu den anderen Rudelmitgliedern zu treiben.

Rothunde arbeiten bei der Jagd nach Antilopen, Wildschweinen und Mufflons eng zusammen. Sie versuchen sich auch an kleinen Nagern und Aas. Wie bei anderen Hundeartigen bringen die ausgewachsenen Tiere des Rudels das Fleisch für die Jungen.

Wieder ertönt der Alarmruf. Plötzlich prescht ein einzelner Axishirsch aus dem Wald, scharf verfolgt von den beiden Hetzjägern. Der Hirsch sieht die Falle vor sich und bleibt abrupt stehen, während die beiden Hunde hinter ihm aufholen und ihn angreifen. Der Hirsch strauchelt einen kurzen Moment und fällt dann zu Boden; in Sekundenschnelle sind die restlichen Rothunde bei ihm, reißen ihrer Beute den Bauch auf und beginnen sofort zu fressen, ohne den Tod des Tiers abzuwarten – das schließlich aufgrund des Schocks und des hohen Blutverlusts stirbt. Herz, Leber und Augäpfel zählen zwar zum bevorzugten Futter der Rothunde und werden auch direkt verzehrt, aber es gibt keine Streitereien. Der Wettbewerb beschränkt sich nur auf die Geschwindigkeit, mit der die Beute verschlungen wird, wobei die Gierigsten bis zu 4 kg pro Mahlzeit vertilgen können.
Da Rothunde genausoviel trinken wie sie fressen, läuft das Rudel nach der Mahlzeit zur nächsten Wasserstelle und bleibt dort häufig mehrere Stunden, um sich abzukühlen.

Achtung – bissige Delphine!

Vor sehr langer Zeit kehrte eine Gruppe von Landraubtieren ins Meer zurück und entwickelte sich im Laufe von Jahrtausenden zu den uns vertrauten Delphinen und Walen. Da diese

Säugetiere von Landraubtieren abstammen, gehen sie wie Katzen und Hunde gemeinsam auf die Jagd. Dabei treiben sie ihre Beute – meist Fische – in eine Bucht, aus der möglichst keine Fluchtwege führen. Die Delphinschule verständigt sich untereinander mit Hilfe akustischer Signale und verteilt sich unter und neben dem Fischschwarm, wobei dieser immer enger zusammengetrieben wird. Natürlich gilt auch hier: je vielköpfiger die Delphinschule, desto größer ist auch ihr Fang. Denn nur mit 5 bis 10 Delphinen gelingt es kaum, den Fischschwarm zu dirigieren, so daß der Angriff nach etwa 5 Minuten abgebrochen wird. Dagegen kann eine Delphinschule mit 50 Tieren sich etwa 30 Minuten gütlich tun, während 300 Delphine – je nach Größe des Fischschwarms – Futter für etwa 2 bis 3 Stunden zusammentreiben.

Der Golf von Kalifornien ist der Lebensraum des Gewöhnlichen Delphins. Stellen Sie sich einen windstillen Tag vor, das Meer spiegelglatt; in der Ferne unterbricht nur das Kreischen

Gewöhnliche Delphine durchstreifen die Meere in großen Schwärmen. Diese 3 m langen Delphine mit ihren charakteristischen seitlichen Streifen folgen traditionellen Routen und erreichen ihre Futterplätze zu einem Zeitpunkt, an dem die Beute saisonbedingt besonders reichlich ist.

der Heermannmöwen die Stille. Plötzlich rauscht das Wasser, und die Meeresoberfläche scheint zu brodeln – so dicht schwimmt, springt und jagt eine große Schule Gewöhnlicher Delphine übers Meer. Die charakteristische, bogenförmige Flankenzeichnung der Delphine ist deutlich zu sehen. Sie sind auf der Jagd nach Sardinen.

Die Sardinenschwärme durchstreifen den gesamten Golf von Kalifornien, immer auf der Suche nach aufsteigenden, nährstoffreichen Kaltwasserströmungen. Da sich der Wind jeweils im Sommer und im Winter dreht, wechseln auch Jäger und Beutetiere ihren Kurs und schwimmen wieder in die entgegengesetzte Richtung: Riesige Delphinschulen und kleinere Gruppen von Brydewalen folgen dem Zug der Sardinenschwärme. Während die Wale einfach große Mengen Seewasser mit Sardinen in ihr Maul saugen und das Wasser durch die Barten wieder ausströmen lassen, verfügen die Gewöhnlichen Delphine über etwa 200 spitze, nach hinten gekrümmte Zähne, die verhindern, daß die schlüpfrigen kleinen Fische wieder entwischen. Beide Meeressäuger treiben ihre Beute zu dichten Schwärmen zusammen, um sich dann mitten hineinzustürzen und zu fressen, wobei die Delphine die Fische durch starke Peiltöne im Ultraschallbereich schwächen und sie problemlos verschlingen können.

Delphine sind sehr kommunikationsfreudige Tiere, die sich untereinander durch eine Reihe von Schnalzlauten, Pfiffen und Rülpstönen verständigen. Aber manchmal, bei sehr ruhiger See und guter Sicht, scheinen sie in völliger Stille zu schwimmen. Und wir wissen bis heute nicht, ob sie dann den natürlichen Echotönen des Ozeans lauschen, die von Unterwassergebirgen und Tiefseeschluchten reflektiert werden, oder schweigend ihren Kompaßkurs am Sonnenstand orientieren.

Aber den Gewöhnlichen Delphin gibt es nicht nur im Golf von Kalifornien; die aus vielen Tieren bestehenden Schulen finden sich in fast allen subtropischen Gewässern sowie in den Meeren der gemäßigten Klimazonen. Die Besatzung eines Schiffs auf dem Weg nach Dakar berichtete von einer Delphinschule mit »Millionen« von Tieren, während vor Neuseeland eine Schule gesichtet wurde, die eine Fläche von 51 km Länge und fast 1 km Breite einnahm. Im Schwarzen Meer hat man Delphinschulen mit 200000 Tieren bei der Jagd nach Anschovis und Sprotten beobachtet.

Delphine können sehr tief tauchen und erreichen bei der Suche nach Stinten und Laternenfischen eine Tiefe von 60 m; einzelne Tiere tauchen bis 250 m tief.

Hawaiianische Chöre

Der Ostpazifische Delphin – auch »Spinner« genannt – geht während der Nacht im Pazifik auf die Jagd und kehrt in der Morgendämmerung zu den Hawaii-Inseln zurück, um sich auszuruhen und zu erholen. Die Tiere bleiben bei allen Aktivitäten zusammen und teilen sich nur am Morgen in kleinere Gruppen auf, wenn sie den Tag in geschützten Inselbuchten verbringen. Am späten Nachmittag werden sie wieder aktiv, ihr Geräuschpegel steigt beträchtlich an, und sie schwimmen unter ständigem Pfeifen und Schnalzen hin und her. Die Pfiffe gelten als individuelle Kennzeichen, mit denen jedes einzelne Tier seine Anwesenheit und Bereitschaft zur Jagd zu erkennen gibt.

Mit großen Sprüngen steigen die Delphine aus dem Wasser, trudeln durch die Luft und klatschen mit einem riesigen Spritzer wieder ins Wasser. Unterhalb der Wasseroberfläche drehen und wenden sie sich, schwimmen unter ständigem Rufen umeinander herum, und je aktiver sie werden, desto stärker steigt der Lärmpegel.

Plötzlich ziehen einige Delphine Zickzackbahnen, erreichen den Ausgang der Bucht und kehren mit erhöhter Geschwindigkeit zur Schule zurück. Es scheint, als könnten sie sich nicht entscheiden, hinauszuschwimmen. Während der ganzen Zeit halten die Tiere durch Pfiffe und andere Töne Kontakt miteinander: Ein Delphin ruft, und die anderen antworten. Am Geräuschpegel scheinen die Tiere zu erkennen, ob die Gruppe zur Jagd bereit ist; denn erst, wenn alle Gruppenmitglieder in den Chor einstimmen, setzt sich die Schule Richtung offene See in Bewegung.

Etwa eine Meile vor der Küste treffen die Delphine auf andere Gruppen, mit denen sie dann gemeinsam auf die Jagd gehen – häufig wächst eine Schule auf über 100 Tiere an. Während der ganzen Nacht trennen und vereinigen sich die einzelnen Gruppen, wobei die Tiere auch untereinander die Gruppe wechseln. Bei der Jagd schwimmen die Delphine fächerförmig auseinander, suchen mit ihrer Echolot-Ortung den Ozean nach Fischen ab und tauchen bis 90 m tief, um zu ihrem Futter – ausgedehnten Fischschwärmen – zu gelangen.

Gegen Sonnenaufgang kehren sie zu den Inseln zurück, wo sie den Rest des Tages verbringen, bis am späten Nachmittag das gleiche Ritual wieder beginnt.

Strategien des »Mörderwals«

Schon immer hatten die Menschen großen Respekt vor dem Schwertwal, dessen Ruf sich in den verschiedenen Bezeichnungen widerspiegelt: die Römer nannten ihn nach einem Monster der Unterwelt »Orca«; in Skandinavien bezeichnete man ihn als »Speck-Hacker«, in Spanien als »Attentäter«, und bei uns trägt er auch den Namen »Mörderwal«, der auf seinem Ruf basiert, als einziger Wal warmblütige Beute zu verschlingen.

Schwertwale sind, trotz ihres Namens, die größte Delphinart mit einer Größe von 9 m und einem Gewicht von nahezu 9 Tonnen, was etwa der Größe eines einstöckigen Busses entspricht. Der Schwertwal ist einer der geschicktesten Jäger des Meeres, der seine Beute problemlos einholt und ausmanövriert.

Die Orcas leben in einer matriarchalischen Gesellschaft. Die Herden setzen sich aus bis zu 20 Tieren zusammen, die alle untereinander verwandt sind, angeführt von den zwei oder drei Muttertieren und ein oder zwei Großmüttern. Den Rest bilden Jungtiere, Halbwüchsige und Bullen, die trotz ihres erheblich größeren Körperumfangs einen geringeren Status besitzen. Manchmal schwimmt die Herde gemeinsam über größere Strecken, dann wieder teilt sie sich in Untergruppen, um eine Beute zu verfolgen, die nicht für die ganze Herde interessant ist. Aber nach der Jagd kehren die Gruppen zur Herde zurück und gewährleisten damit eine stabile Orca-Gesellschaft.

Wissenschaftler haben in einem Gebiet vor der Küste von British Columbia in der Nähe von Vancouver Island zwei verschiedene Schwertwalformen ausfindig gemacht: Tiere, die ein bestimmtes Revier bewohnen, und andere, die beständig umherziehen. Beide unterscheiden sich sowohl durch ihr Aussehen als auch durch ihr Verhalten. Die »seßhaften« Schwertwale besitzen eine schlanke, abgerundete Rückenflosse, leben in Gruppen mit bis zu 30 Tieren und zeigen die größte Aktivität, wenn die Pazifischen Lachse zum Laichen in ihre Heimatreviere zurückkehren. Der gesamte Lebensstil der Schwertwale richtet sich nach dem Verhalten ihrer Beute.

Da die Lachse in großen und dichten Schwärmen schwimmen, die nicht leicht zu finden sind, bietet die Jagd in großen Gruppen für die Schwertwale einige Vorteile, weil sie sich verteilen und auf diese Weise große Gebiete nach Beute absuchen können.

Dazu schwärmen die Schwertwale aus und durchkämmen das Meer in einem Abstand von etwa 50 m zu ihrem Nachbarn. Diese Wal-Formation bewegt sich langsam vorwärts, wobei die Tiere durch Quietsch- und Ächzlaute in ständigem Kontakt miteinander stehen. Ertönt ein lauter Schrei, strömt die Herde zusammen und treibt den Lachsschwarm in eine kleine Bucht, aus der die Fische nicht mehr entfliehen können. Die am Rand des Schwarms schwimmenden Lachse verschwinden Stück für Stück im Maul der Schwertwale, bis der Angriff abgebrochen wird – genauso plötzlich, wie er begann. Die Wale drehen ab und schwimmen weiter entlang der Küste, wobei sie ihre Jagdstrategie immer wieder einsetzen.

Das Verhalten der »wandernden« Wale, die sich durch eine gedrungenere, dreieckige Rückenflosse auszeichnen, ist nicht so leicht vorhersehbar. Sie halten sich gerne in Küstennähe auf und suchen dort nach Beutetieren, die in weniger dichten Schwärmen bzw. Gruppen leben, wie etwa Robben und Seelöwen. Sobald sie eine Gruppe von Seelöwen geortet haben, umringen sie ihre Beute, isolieren ein Opfer und schlagen es mit ihren kraftvollen Schwanzflossen bis zur Bewußtlosigkeit, was mehrere Stunden dauern kann. Dann zerren sie den Seelöwen in die Tiefe, wo sie ihn ertränken und fressen. Trotz seiner stattlichen Größe ist der Schwertwal immer auf der Hut vor den scharfen Krallen oder Bissen dieser großen Robben, die ihn schwer verwunden könnten.

Die Nahrung der Schwertwale differiert erheblich: In den Gewässern um Japan leben sie von Dorsch und Heilbutt, vor der brasilianischen Küste ernähren sie sich von Stachelrochen und im nördlichen Pazifik jagen sie Seelöwen, See-Elefanten und verschiedene Delphinarten. Ein Augenzeuge berichtete von einem gemeinsamen Angriff auf eine Gruppe von Delphinen: »Die Mörderwale müssen das Schnattern der Delphine gehört haben und kamen leise näher, zur Jagd entschlossen. Sie umzingelten die Delphine und rückten beständig vorwärts, wobei sie den Kreis immer enger schlossen und die unglücklichen Delphine stets dichter zusammentrieben. Als sie die Beutetiere in einem Kreis mit einem Durchmesser von 50 m versammelt hatten – die Delphine schwammen bereits Nase an Nase – drangen 3 oder 4 Jäger in den Kreis ein und wählten genügend Tiere zum Stillen ihres Hungers; manche Delphine bissen sie in die Schwanzflosse, damit diese nicht entfliehen konnten.«

Aber die spektakulärsten Schwertwal-Attacken gelten großen Bartenwalen. Die an der nordamerikanischen Pazifikküste entlangwandernden Grauwale werden immer von großen Schwertwalherden verfolgt, die auch die an der Küste Neufundlands und Alaskas lebenden Buckelwale gnadenlos jagen, wobei den Orcas hauptsächlich Jungtiere oder alte und kranke Tiere zum Opfer fallen. Ein anderer Augenzeugenbericht schildert einen fünfstündigen

Kampf zwischen Orcas und einem Blauwal, dem größten Lebewesen der Erde: »Die Jäger unterteilten sich in Arbeitsgruppen; einige Tiere flankierten den Blauwal auf beiden Seiten, während sich zwei andere Tiere jeweils vor und hinter der Beute plazierten, um eine Flucht zu vereiteln. Eine weitere Gruppe Orcas schien den Blauwal daran hindern zu wollen, zum Atmen nach oben an die Wasseroberfläche zu steigen. Und eine letzte Gruppe schwamm unter dem Beutetier, damit es nicht nach unten wegtauchen konnte. Dann bissen sie ihm die gewaltige Rückenflosse ab, zerstückelten seine Schwanzflosse, um seine Bewegungsfähigkeit einzuschränken und rissen ihm immer wieder riesige Stücke Fleisch aus dem Körper.« Erstaunlicherweise überlebte der Blauwal diesen Angriff und konnte davonschwimmen.

Junge Seelöwen, die sich in einer »Gefahrenzone« an der Küste Patagoniens aufhalten, werden von Schwertwalen oder Orcas angefallen. Um an ihre Beute zu kommen, schwimmen die Wale in der seichten Brandung und gleiten sogar bis auf den Strand. Dann wälzen sie sich zurück ins Wasser und spielen oft mit der gefangenen Beute, indem sie diese mit ihrem kräftigen Schwanz immer wieder in die Luft schleudern.

Die an den Küsten Südamerikas lebenden Mähnenrobben oder Patagonischen Seelöwen haben meist nicht so viel Glück. In diesem Gebiet kommen die Schwertwale sogar bis auf den Strand, schnappen sich ein Opfer und rutschen zurück ins Meer. Jeder arglose Seelöwe, der sich in ihrer Reichweite aufhält, befindet sich in tödlicher Gefahr, da die Jäger unerwartet schnell und erstaunlich erfahren sind. Wenn die Seelöwen ihrerseits während der Brutzeit der Pinguine hinter ihrer Beute herjagen, trainieren die Schwertwale diese Jagdstrategie an Sandbänken. Dabei erlernen die jungen Wale von ihren Eltern diese Technik, die ihnen nützlich ist, da sie so bis zu 20 Mähnenrobben in der Stunde erlegen können.

Beim Anblick der großen schwarzweißen Wale, die sie so sogar an Land verfolgen, erstarren die Seelöwen wie hypnotisiert. Aber es kommt noch schlimmer: Die Orcas fressen ihre Beute nämlich nicht sofort, sondern spielen noch mit ihr – ähnlich einer Katze mit ihrer gefangenen Maus. Mit Hilfe ihrer kräftigen Schwanzflosse werfen die Orcas junge wie alte Seelöwen immer wieder und bis zu 6 m hoch in die Luft.

Der Große Tümmler ist die Spezies, die am häufigsten in den Delphinarien zu sehen ist. In freier Wildbahn findet man sie auf der ganzen Welt: Diese Gruppe zieht die australische Küste entlang. Um mit einem Minimum an Aufwand zu reisen, schwimmen die Delphine heute manchmal in den Bugwellen von Booten – so wie sie früher in den Bugwellen großer Wale geschwommen sind.

Eine Gruppe von Orcas oder Schwertwalen passiert die Chatham-Straße in Südost-Alaska. Sie koordinieren ihre Aktionen durch Rufe – meistens Schreie, Pfiffe, Schnalz- und Rülpslaute –, die für jede Gruppe typisch sind. Bei der Jagd nach Fischen (etwa beim Lachsfang) sind sie relativ laut, nur beim Seehunde- oder Seelöwenfang verhalten sie sich leise, damit sie ihre Beute nicht alarmieren.

Der Schwertwal ist der größte Delphin und gehört wie diese zu den Zahnwalen: Seine Kiefer sind mit zapfenartigen Zähnen besetzt, mit denen er nach der Beute schnappt. Der Schwertwal fängt sowohl Fische (von Lachsen bis zu großen Haien) als auch warmblütige Beutetiere (von Robben bis zu großen Glattwalen).

Tüpfelhyänen müssen zusammen jagen, um einen Büffel zu erlegen (unten). Sie können auch einem Rudel Löwen das Fressen rauben und selbst wiederum von einem Schwarm Geier bestohlen werden (rechts). Mit viel Glück wird ein einzelnes Tier gerade lange genug allein gelassen, um sich einen Teil der Beute zu holen, aber es muß sich beeilen und das Fressen hastig herunterwürgen. Hyänen fressen alle Teile eines Kadavers, inklusive der Knochen und des Fells.

Löwen töten ihre Opfer durch Ersticken. Das Raubtier ergreift die Beute (hier ein Gnu) an der Kehle und drückt die Luftröhre zu, so daß das Tier nicht mehr atmen kann (unten). Die Löwen in der Kalahari töten Säbelantilopen, indem sie ihnen die untere Wirbelsäule brechen. Anschließend wird der Kadaver vom ganzen Rudel gemeinsam geteilt (links), wobei die Löwenmännchen den Vortritt haben und die Jungen als letzte fressen dürfen. In Zeiten geringer Beute bleibt manchmal so wenig über, daß die Jungen hungern müssen.

Wölfe mit ihrer Beute. Diese gut organisierten Meuten erlegen im allgemeinen junge, alte oder verletzte Elche, Hirsche oder Rentiere, die viel größer sind als sie selbst. Im Sommer fangen sie Hasen und Biber, aber im Winter bei tiefem Schnee ist das Erlegen von Beute schwieriger, und dann stehen auch Vieh oder Aas auf dem Speiseplan. Diese Meute aus Montana, USA, hat einen Weißwedelhirsch erlegt (unten).

Der Rothund aus Süd- und Südostasien hat in seinem etwa 40 km² großen Revier das alleinige Jagdrecht. Das Rudel verständigt sich untereinander durch Winseln, Knurren, Bellen und Pfeifen. Nach einer abgebrochenen Jagd versammelt ein Pfiff alle Rudelmitglieder.

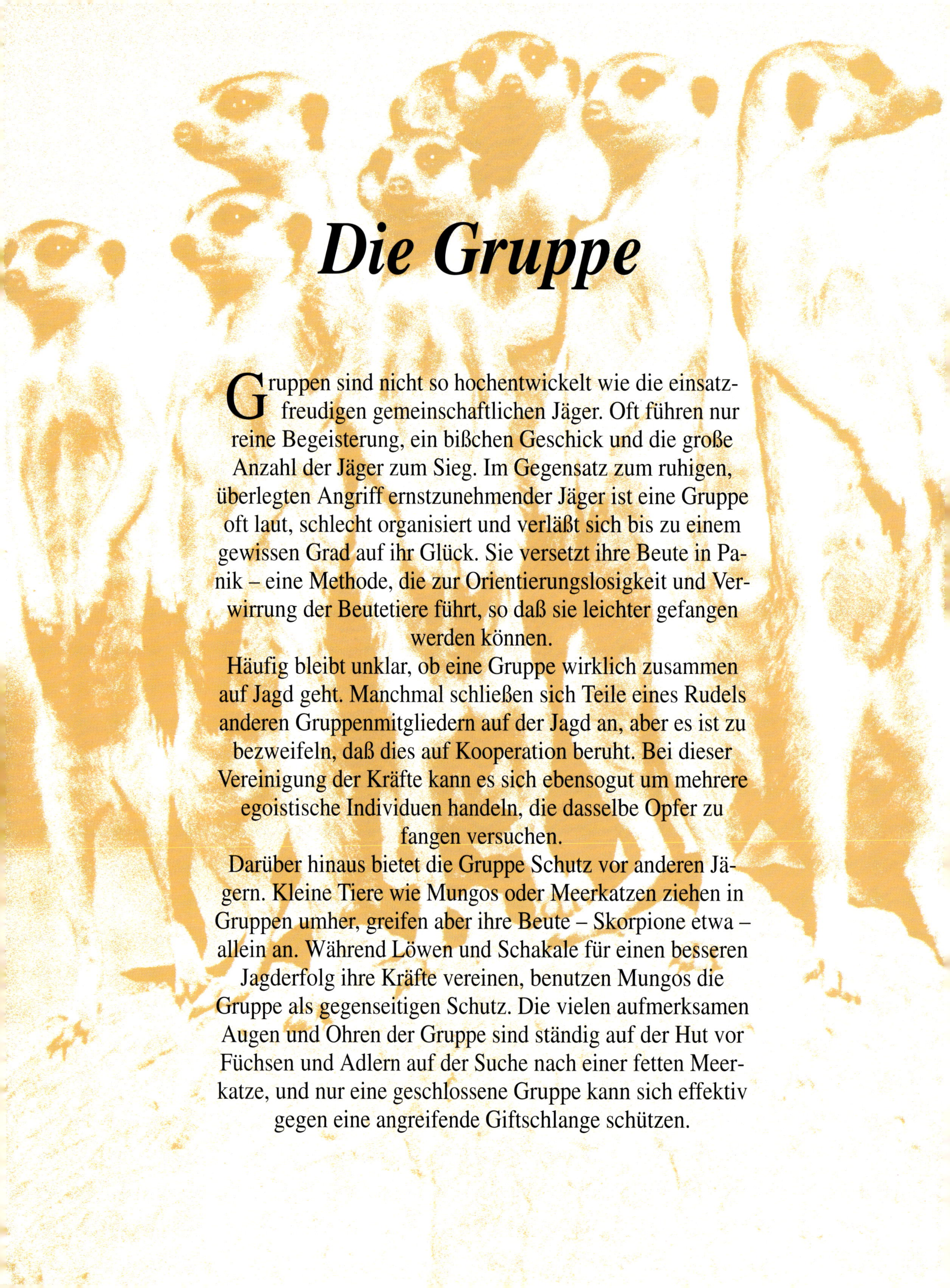

Die Gruppe

Gruppen sind nicht so hochentwickelt wie die einsatzfreudigen gemeinschaftlichen Jäger. Oft führen nur reine Begeisterung, ein bißchen Geschick und die große Anzahl der Jäger zum Sieg. Im Gegensatz zum ruhigen, überlegten Angriff ernstzunehmender Jäger ist eine Gruppe oft laut, schlecht organisiert und verläßt sich bis zu einem gewissen Grad auf ihr Glück. Sie versetzt ihre Beute in Panik – eine Methode, die zur Orientierungslosigkeit und Verwirrung der Beutetiere führt, so daß sie leichter gefangen werden können.

Häufig bleibt unklar, ob eine Gruppe wirklich zusammen auf Jagd geht. Manchmal schließen sich Teile eines Rudels anderen Gruppenmitgliedern auf der Jagd an, aber es ist zu bezweifeln, daß dies auf Kooperation beruht. Bei dieser Vereinigung der Kräfte kann es sich ebensogut um mehrere egoistische Individuen handeln, die dasselbe Opfer zu fangen versuchen.

Darüber hinaus bietet die Gruppe Schutz vor anderen Jägern. Kleine Tiere wie Mungos oder Meerkatzen ziehen in Gruppen umher, greifen aber ihre Beute – Skorpione etwa – allein an. Während Löwen und Schakale für einen besseren Jagderfolg ihre Kräfte vereinen, benutzen Mungos die Gruppe als gegenseitigen Schutz. Die vielen aufmerksamen Augen und Ohren der Gruppe sind ständig auf der Hut vor Füchsen und Adlern auf der Suche nach einer fetten Meerkatze, und nur eine geschlossene Gruppe kann sich effektiv gegen eine angreifende Giftschlange schützen.

Ein Rudel von Zebramangusten (das aus etwa 15 bis 20 Tieren bestehen kann) auf der Futtersuche nach Insekten, Schnecken, Bodenbrütern, Echsen und Schlangen. Auch große Giftschlangen greifen sie gemeinsam an.

Unsere jagenden Verwandten

Wie wir Menschen sind auch Schimpansen Opportunisten: Sie fressen Früchte, Stengel, Rinden, Blätter sowie Wurzeln und sind in der Lage, Nüsse mit Hilfe von dicken Ästen und Steinen zu knacken und mit Zweigen nach Termiten und Ameisen zu angeln. Aber hin und wieder gehen sie auch auf die Jagd, die meist in einem atemberaubenden Spektakel endet.

Zu ihren Beutetieren zählen kleine Antilopen, Wildschweine und andere Affen, wobei sie die Guerezas ganz besonders schätzen. Diese Stummelaffen können sich so lange sicher fühlen, wie ihnen der Dschungel einen durchgehenden Baumbestand mit ausreichend Fluchtwegen durch die Wipfel bietet, in denen sie sich geschickt mit Hilfe von Gleitsprüngen fortbewegen. Guerezas sind sehr viel leichter und wendiger als Schimpansen, die keine ausgedehnten Sprünge vollbringen und sich nur von Ast zu Ast hangeln können. Wenn der Dschungel aber durch Lichtungen unterbrochen ist und sich nicht genügend Fluchtwege ergeben, müssen die Guerezas auf der Hut vor den Schimpansen sein, die ihre Beute gerne durch einen Überraschungsangriff überrumpeln und mindestens einmal pro Woche Fleisch fressen.

Um dieses Ziel zu erreichen, müssen die Schimpansen bei der Jagd zusammenarbeiten. Dank

Diese Erdmännchen oder Surikaten stehen auf ihren Hinterläufen und suchen den Himmel nach gefährlichen Adlern ab. Manchmal fangen sie im Rudel junge Hasen, aber meistens sind sie auf der Suche nach Insekten, Spinnen, Skorpionen, Vogeleiern, Echsen und Schlangen.

Gruppentaktik

Die Chance auf Beute ist erheblich größer, wenn sich ein Tier einer Gruppe anschließt. Durch ein gewisses Maß an Zusammenarbeit gelangen auch nicht ausgesprochene Jäger zu einer Mahlzeit, die ihnen sonst verwehrt bliebe. Dafür müssen sie aber auch einen Preis zahlen. Häufig stürzen sich nach der Jagd alle Beteiligten ohne Rücksicht auf andere auf die Beute, die dann nicht mehr für alle reicht – denn beim Teilen des Opfers zeichnen sich die Gruppen nicht gerade durch ihre Fairneß aus. Manchmal schließen sich allein jagende Raubtiere zu mehreren zusammen; so schwärmen beispielsweise Nordluchse in einer Linie aus und durchkämmen ein Waldstück, um Hasen aufzuschrecken. Die der Beute am nächsten kommende Raubkatze erhält den Fang. Auch Luchspärchen arbeiten harmonisch zusammen: Sie treiben sich das Opfer gegenseitig zu ihrer höheren Intelligenz und einem gewissen Grad an Teamarbeit können sie die Bewegungen der Guereza-Gruppe kontrollieren und auf diese Weise ihre Beute fangen. An der Jagd nehmen im allgemeinen nur etwa 6 ausgewachsene Männchen teil, die alle eine bestimmte Aufgabe erfüllen: Die jüngsten begeben sich hinter die Guerezas und treiben sie langsam vorwärts. Der älteste Schimpanse sucht dagegen weiter vorne einen geeigneten Ort, an dem er der auf ihn zugetriebenen Beute auflauern kann, während die übrigen Schimpansen die Gruppe flankieren und eine seitliche Flucht verhindern.

Die Jagd wird schon auf dem Boden durch langsame, aber gezielte Verhaltensmaßnahmen eingeleitet: Die Schimpansengruppe stellt ihr übliches Geschnatter ein und wandert schweigend weiter, immer auf der Suche nach Guerezas in den Baumwipfeln. Sobald die Jäger ihre Plätze eingenommen haben, rasen einige flinke Schimpansen an den Baumstämmen nach oben, konzentrieren sich auf ein oder zwei isolierte Stummelaffen und jagen sie vor sich her, direkt auf den alten Schimpansen in seinem Hinterhalt zu. In einem günstigen Moment kommt er aus seinem Versteck hervor, und die Guerezas geraten in Panik. Sie können weder vor noch zurück noch zur Seite entfliehen. In diesem Augenblick der allgemeinen Verwirrung und Unentschlossenheit schlagen die Schimpansen zu und teilen ihren auf dem Urwaldboden wartenden Familienmitgliedern die frohe Kunde durch markerschütternde Schreie mit. Der Rest der Gruppe – hauptsächlich Weibchen mit ihren Jungen – stimmt in dieses Geschrei ein, bis der Urwald erfüllt ist von furchterregendem Kreischen, Heulen und Jaulen. Diese Rufe teilen der gesamten Schimpansenfamilie mit, daß die Beute gefangen und die Jagd vorbei ist, woraufhin auch weiter entfernte Tiere zur Gruppe zurückkehren.

Die ranghöchsten Männchen zerreißen den noch lebenden Guereza, wobei sie die einzelnen Teile an die in der Hierachie niedriger stehenden Männchen und Weibchen weiterreichen. Manchmal wird die kreischende Beute noch in den Baumwipfeln ausgeweidet, oder die Schimpansen töten ihr Opfer durch einen Biß in den Kopf oder wirbeln den Körper solange umher, bis der Kopf gegen einen Felsen oder Baumstamm schlägt. Einem großen Beutetier (z.B. einem jungen Buschschwein) brechen sie die Beine, indem sie es gegen einen Baum schleudern, so daß es meist nicht sofort stirbt, sondern erst, wenn es in Stücke gerissen wird. Sein Todesschrei erschallt markerschütternd durch den Dschungel.

Schimpansen jagen die unterschiedlichsten Tiere, angefangen von jungen Buschschweinen und Steppenpavianjungen über Schirrantilopenkitze bis hin zu Mäusen, Ratten und kleinen Vögeln. Selbst Menschenbabies werden nicht verschmäht – einer Holzsammlerin in Tansania wurde das Kind vom Rücken gerissen, und ein sechsjähriger Junge wurde von Schimpansen verschleppt – , aber auch Kannibalismus scheint nicht völlig unbekannt.

Mandrills sind Allesfresser und jagen auch regelmäßig, um ihre Kost durch Fleisch zu ergänzen – in der Trockenzeit sogar einmal am Tag. Sie leben hauptsächlich am Waldboden des Regenwaldes zwischen Niger und Kongo im westlichen Zentralafrika. Nur die Männchen besitzen die bekannten leuchtend bunten Gesichtsfarben.

Raufbolde des Regenwalds

Mandrillpaviane mit ihrer auffälligen, einschüchternden »Kriegsbemalung« aus roten, blauen und weißen Streifen sind hervorragende und unerwartet blutrünstige Jäger. In den westafrikanischen Regenwäldern versammeln sie sich zu riesigen Gruppen von 50 bis 150 Tieren und jagen ihre Beute nach einer Methode, die an das provozierende Verhalten von Jugendlichen erinnert. Das neueste Anzeichen für die Entfremdung vieler jugendlicher Städter ist folgendes Vorgehen: Die Mitglieder einer Jugendbande rennen durch die Einkaufspassagen, schüchtern Passanten und Kunden ein, terrorisieren die Ladenbesitzer und stehlen alles, was nicht niet- und nagelfest ist. Diese Verhaltensweise erinnert in hohem Maße an das Jagdverhalten der Mandrills und ihrer kleineren Verwandten, der Drills.

Eine große Gruppe von bis zu 100 Mandrills rennt kreischend in den Wald, wobei die Weibchen und jüngeren Männchen die Seiten flankieren und so eine etwa 100 m breite Schneise der Zerstörung in den Wald schlagen. Der Dschungel besitzt hier nur wenig Unterholz, und die Paviane bewegen sich rasch vorwärts. Aufgeschreckte Beutetiere preschen nach allen Seiten davon und laufen in ihrer Panik häufig direkt auf die Gruppe der Alpha-Männchen zu. Sie sind die »Schlachter« der Gruppe, die in kürzester Zeit nicht nur Antilopen und Affen, sondern praktisch alles, was sich bewegt, töten oder schwer verwunden und die blutigen Kadaver erst einmal auf dem Boden liegen lassen. Diese Jäger setzen ihre Attacke fort, bis jedes Lebewesen auf ihrem Weg durch den Dschungel getötet ist. Erst durch ein Signal wird die Jagd abgebrochen, und die Mandrills durchkämmen den Wald nach toten oder sterbenden Beutetieren. Danach läßt sich die große Gruppe nieder, um in Ruhe zu fressen.

In der Savanne Süd- und Ostafrikas arbeiten auch die Anubispaviane bei der Jagd nach jungen Gazellen und im Gras versteckten Hasen zusammen. Die Steppenpaviane verteilen sich und scheuchen das Wild – wie Treiber bei einer Jagd – aus dem Dickicht auf. Allerdings bleibt es fraglich, ob die Tiere aus dem gemeinsamen Vorgehen einen Nutzen ziehen, da einzeln jagende Steppenpaviane eine ähnlich hohe Erfolgsquote verzeichnen können. Aber spätestens, wenn die Beute gefaßt ist, verschwindet jeglicher Teamgeist: Ein dominantes Pavianmännchen tut sich schwer, seine Beute mit dem Rest der Gruppe zu teilen.

Dennoch rufen auch die Steppenpaviane nach der Jagd verstreute Gruppenmitglieder zusammen und locken damit die im gleichen Jagdrevier lebenden Schimpansen an, die den Jägern die Beute wegschnappen.

Kojoten auf Jagd

Auch Kojoten sind Opportunisten, die je nach Größe der gejagten Beute allein arbeiten oder gemeinsam vorgehen. Nagetiere bieten beispielsweise nicht genügend Nahrung für zwei oder mehr Kojoten und werden deshalb von einzelnen Kojoten gejagt, die dabei aber nicht immer erfolgreich sind. So muß ein nordamerikanischer Präriewolf bei der Jagd nach Wühl-

mäusen bis zu 6 Versuche unternehmen, bevor er einen dieser flinken Nager zu fassen bekommt. Bei Erdhörnchen stehen seine Chancen besser: Nach 2 von 5 Angriffen kann der Kojote mit seiner Beute heimkehren.

Dagegen erfordert die Jagd auf Elche und Hirsche eine besser koordinierte Zusammenarbeit der Präriewölfe. Kojotenrudel bestehen im allgemeinen aus einem Familienverband mit bis zu 8 Tieren und Jungtieren, die noch eine Zeitlang mit ihren Eltern zusammenleben, um gemeinsam mit ihnen zu jagen. Allerdings ist die Jagd bei den Kojoten weniger gut organisiert als bei Wolfsrudeln; Präriewölfe vertrauen eher auf ihre Überzahl, um große Beutetiere zu hetzen und zu reißen.

Aber auch die bereits erlegte Beute ist ihnen nicht sicher: Kojotenrudel der angrenzenden Reviere reagieren ebenfalls auf das stakkatoartige Jaulen der Kojoten und kommen neugierig herbei. Da ein großes Rudel die Beute besser gegen rivalisierende Meuten verteidigen kann, müssen mindestens 3 bis 4 Kojoten zusammenarbeiten, damit ihnen der erlegte Elch

Kojoten wurde lange als Einzelgänger betrachtet, aber heute weiß man, daß sie manchmal auch zusammen leben und jagen. Zu ihrer Beute gehören Erdhörnchen, Kaninchen und Mäuse, aber auch größere Tiere wie Gabelantilopen und Bergschafe werden von jagenden Kojotenmeuten angefallen.

nicht doch noch weggeschnappt wird. Ein einzelnes Kojotenpaar hat dagegen in vielen Fällen das Nachsehen.

Jemand mit niederen Aufgaben?

Schakale gelten im allgemeinen als Aasfresser, die sich häufig an die von Löwen oder Hyänen erlegte Beute heranschleichen, Geier davonjagen und sich alles schnappen, was sie bekommen können. Dennoch leben die vier Schakalarten – Goldschakal, Schabrackenschakal, Abessinischer Schakal und Streifenschakal – nicht hauptsächlich von Aas, sondern fressen wie viele andere Raubtiere jede erreichbare Beute: von Früchten über Frösche und Mäuse bis hin zu Gazellen. Bei großen Wildbeständen bildet das Aasfleisch sogar nur einen kleinen Teil ihrer täglichen Kost; statt dessen geht das Schakalrudel – meist ein Elternpaar mit Jungtieren unterschiedlichen Alters – gemeinsam auf die Jagd.
Zur bevorzugten Beute der Goldschakale zählt die Thompsongazelle, die aufgrund ihrer Größe meist von mehreren Tieren gemeinsam gejagt wird; ein einzelner Schakal ist dagegen nur in 16 Prozent aller Angriffe erfolgreich.

In vielen Teilen der Erde treten immer häufiger Hunderudel auf; sie sind in Italien, Australien und Thailand bereits heimisch geworden. Einen Großteil ihres Futters finden sie auf Müllhalden, aber einige besser organisierte Rudel jagen auch Vieh, Schafe und Pferde – ganz im Stile ihrer wilden Ahnen, der Wölfe.

Vorsichtig, bissige Hunde!

Nach dem Zweiten Weltkrieg dezimierten Jäger und Bauern Italiens Wolfspopulation dank verbesserter Waffen auf etwa 100 Tiere, die fast alle in kleineren Gruppen in der Nähe von Rom im Abruzzo-Nationalpark leben und unter Naturschutz stehen. Dennoch ist der Fortbestand dieser Wölfe stark gefährdet, da andere Tiere ihren Platz in den Bergen eingenommen haben: verwilderte Hunde.
Bei diesen Tieren handelt es sich um entlaufene oder ausgesetze Haushunde, die sich nun allein überlassen sind und auf Müllhalden oder in Mülltonnen nach Futter suchen. Einige Hunde haben sich zu Rudeln und Meuten zusammengeschlossen und bestimmte Verhaltensweisen ihrer Vorfahren, der Wölfe, wieder angenommen.
Ihre große Zahl ist ein schwerwiegendes Problem: Bei der letzten Schätzung kam man auf etwa 80 000 verwilderte Hunde, wobei die in den Städten lebenden Tiere gar nicht mitgezählt wurden. Darüber hinaus können verwilderte Hunde sehr gefährlich werden, da sich auch große Hunderassen wie Deutsche Schäferhunde unter diesen Tieren befinden, die nicht nur Schafe, sondern auch größere Beutetiere und sogar Menschen anfallen. So konnte sich ein Biologe, der das Verhalten verwilderter Hunde erforschte, gerade noch in seinen Wagen retten. Die Hunde hatten ihn aufgespürt und als willkommene Beute gejagt.
In der Nähe von Rom hat sich eine Gruppe verwilderter Hunde auf die Pferdejagd spezialisiert. Normalerweise ist ein Rudel Hunde nicht in der Lage, freilebende Wildpferde zu fangen und zu reißen, aber die auf ihren Koppeln eingezäunten Pferde können leicht in Panik versetzt und überrumpelt werden.
Neben den in der Wildnis erlegten Beutetieren fressen die Hunde aber auch Aas und Vieh. Dazu kommen sie aus den dünnbesiedelten Gebieten des Apennin, dem natürlichen Lebensraum der Wölfe, in tiefergelegene Landstriche. Denn die Bestände ihrer natürlichen Beute (z.B. Rotwild) sind stark zurückgegangen, und die Abfalleimer und Mülldeponien in den Dörfern und Städten bieten sowohl verwilderten Hunden als auch den Wölfen mehr Nahrung.
Man findet die in Rudeln lebenden Hunde, deren Verhalten dem der Wölfe ähnelt, hauptsächlich im Gebirge, während die im Verhalten an Füchse erinnernden Einzelgänger sich eher in den Tälern aufhalten. Meistens handelt es sich um Neuankömmlinge, die sich noch keiner Meute angeschlossen haben, häufig aber mit mehreren anderen Einzelgängern ein Jagdrevier teilen – wahrscheinlich der erste Schritt zur Bildung eines neuen Rudels. Fremde Eindringlinge sind jedoch keineswegs willkommen, und auch die Hunde aus einem anderen Gebiet des Tals werden aggressiv fortgejagt. So kann ein neu hinzukommender Hund die ihm unbekannten Reviermarkierungen verletzen und von den ansässigen Tieren getötet werden.
Im Gegensatz zu den Wölfen kennen verwilderte Hunde weder eine strikte Rangordnung

noch ein Alpha-Männchen oder -Weibchen. Alle Hunde können sich paaren und fortpflanzen und dadurch sehr schnell große Rudel bilden. Bei der riesigen Anzahl von verwilderten Hunden und den kleinen Wolfsbeständen gehen auch die meisten Angriffe auf Vieh und Haustiere auf das Konto von Hunderudeln. Dennoch macht man den Wolf für jeden Übergriff verantwortlich, denn ihm hängt nach wie vor ein schlechter Ruf an.
In Australien kennt man dieses Problem schon sehr viel länger, da es auch hier sehr viele verwilderte Hunde gibt. Bevor die Aborigines vor etwa 20000 Jahren Australien besiedelten, hatten die Tiere auf diesem Kontinent nur verschiedene Raubbeutler (wie etwa den Tasmanischen Wolf) sowie Warane und Adler zu fürchten. Aber die menschlichen Siedler brachten domestizierte Hunde mit ins Land, die wahrscheinlich mit dem primitiven Schensihund eng verwandt sind. Einige Hunde entkamen, gewöhnten sich wieder an das Leben in der Wildnis

Australische Dingos jagen allein, wenn sie kleinen Beutetieren wie Echsen, Beuteltieren und Vögeln auf der Spur sind; aber bei der Jagd auf Känguruhs tun sie sich zu Rudeln zusammen. Da Dingos nicht bellen können, verständigen sie sich durch Geheul. Die Jungen lernen durch die Beobachtung ihrer Eltern, Beute zu erlegen, und dürfen nach und nach mit auf die Jagd.

und entwickelten sich in den vergangenen 8000 Jahren zu hervorragenden, gemeinsam jagenden Räubern – den Dingos –, die das ökologische Gefüge des gesamten Kontinents unwiderruflich verändert haben.
Ein einzelner Dingo fängt Kaninchen, Heuschrecken und Echsen, aber ein Rudel Dingos ist durchaus in der Lage, Rote und Graue Riesenkänguruhs sowie wilde Schweine zu erlegen. Bei den Schafzüchtern sind Dingos äußerst unbeliebt, da sie immer wieder Schafe reißen und selbst vor Menschen nicht zurückschrecken sollen. Deshalb werden inzwischen Abschußprämien für jeden getöteten Dingo gezahlt.

Raubüberfall in luftiger Höhe

Im Sommer kehren die Eleonorenfalken in ihre Brutgebiete im Mittelmeerraum zurück, um dort im Herbst ihre frisch geschlüpften Küken mit den flügge gewordenen Jungtieren anderer, im Frühjahr brütender Vogelarten zu füttern. Zu dieser Jahreszeit ziehen ganze Scharen nordeuropäischer Vögel Richtung Süden und überqueren auch den Mittelmeerraum, wo die Eleonorenfalken bereits auf die unerfahrenen Jungvögel warten.

Die Falken beobachten das Gebiet gruppenweise und in unterschiedlichen Flughöhen, die von Bodennähe bis zu 1000 m Höhe reichen können. Sie schweben in der Luft und warten – eine riesige, vertikale Spießrutengasse, die die Zugvögel durchqueren müssen. Die Falken stürzen sich von schräg hinten auf ihre überraschte Beute, wobei einige der Greifvögel zusammenarbeiten, um ihr Opfer über einen längeren Zeitraum zu jagen, bis es erschöpft ist und zu einer leichten Beute und damit einer fetten Mahlzeit für die bereits wartenden, hungrigen Falkenjungen wird. Obwohl nur ein kleiner Teil aller Attacken erfolgreich endet, fällt immerhin noch jeder sechshundertste Vogel der millionenstarken Vogelschar den Greifvögeln zum Opfer.

Lannerfalken wählen ihr Revier bevorzugt in Küstennähe mit steilen Klippen, wo sie als Paar gemeinsam auf die Jagd gehen. Das größere Weibchen fliegt dabei die Wasserläufe ab und scheucht Dohlen und Tauben auf, während das Männchen in luftiger Höhe wartet und die fliehenden Vögel abfängt.

Gefiederte Fischer

Die Blauaugenscharben bilden Fischergemeinschaften, die zwar nicht wie Löwen oder Wölfe kooperieren, aber sich gegenseitig bei der Suche nach Nahrungsquellen unterstützen. Diese Kormorane leben an den Küsten entlang der kalten, aber nährstoffreichen Gefilde des Pazifiks und haben sich auf die an der Wasseroberfläche schwimmenden Fische spezialisiert. Dabei bilden die Vögel riesige Gruppen, die auf dem Wasser treiben und darauf warten, daß unter ihnen ein Fischschwarm vorbeizieht. In regelmäßigen Abständen steckt eine Scharbe

Blauaugenscharben bilden auf dem Wasser große Gruppen, die einander füttern. Sie leben an der südlichen Küste Südamerikas, nahe den subantarktischen Inseln und entlang der antarktischen Küste. Zu dieser Gruppenbildung kommt es meist während des australischen Winters.

den Kopf unter Wasser und sucht die dunkle Tiefe nach Fischen ab. Sobald sie eine potentielle Beute erspäht, taucht sie unter – gefolgt vom Rest der wartenden Blauaugenscharben. Unter Wasser macht sich Panik breit: Die Fische schwimmen aufgeregt in alle Richtungen, versuchen verzweifelt, einem Räuber zu entkommen, nur um geradewegs in den Schnabel des nächsten zu schwimmen. Die Fische haben kaum eine Chance zu entfliehen, denn die Scharben erspähen ihre Beute durch die gemeinschaftliche Vorgehensweise nicht nur schneller, sie können sie auch sehr viel leichter fangen.

Die meisten Meeresvögel bilden allein schon durch die gemeinsamen Brutstätten ein lockeres Gruppengefüge: Hunderte von Vögeln hocken dicht beieinander auf Klippenvorsprüngen und Inseln und helfen sich gegenseitig – wahrscheinlich unbewußt – bei der Suche nach Nahrung. Denn die Seevogelkolonien dienen als Austauschbörse für Informationen: Es herrscht ein ständiges Kommen und Gehen von Vögeln, die Futter für ihren hungrigen Nachwuchs herbeibringen. So muß ein einzelner Vogel nur darauf warten, daß ein anderer Vogel mit fetter Beute zurückkehrt und sich die Richtung merken, aus der der andere kam; so weiß er sofort, wohin er sich bei der Suche nach Fisch- oder Tintenfischschwärmen wenden sollte.

Pelikane gehen noch einen Schritt weiter und arbeiten beim Fischfang aktiv zusammen. Dazu nimmt eine Gruppe von Pelikanen eine hufeisenförmige Formation ein und schwimmt gemeinsam in eine Richtung, wobei sie ihre großen Schnäbel immer wieder ins Wasser tauchen. Auf diese Weise treiben sie einen Fischschwarm in eine Bucht, wo sie die Fische bequem mit dem Schnabel einfangen können.

Gutmütige Giganten und ihr Blasen-Trick

Einer der beeindruckendsten Anblicke in der Natur sind Buckelwale bei der gemeinsamen Nahrungsaufnahme. Im Frühjahr ziehen sie in die nährstoffreichen Polargebiete, um dort gemeinsam nach Futter zu suchen. Buckelwale benötigen sehr viel Nahrung, damit sie sich für den kommenden Winter ein ausreichendes Fettpolster anlegen können. Da sie während der langen Hin- und Rückreise zu ihren Brutstätten, die bis zu 8 Monaten dauern kann, keine Nahrung aufnehmen und auch während der Paarung, Schwangerschaft und Geburt fasten, zählt die Futtersuche im kurzen arktischen oder antarktischen Sommer zu den vorrangigsten Aufgaben. Die Beute der Buckelwale besteht hauptsächlich aus kleinen Fischen wie etwa Kapelanen und Krill, kleinen Leuchtkrebsen von garnelenartigem Aussehen, die sie mit zwei verschiedenen Fangmethoden jagen: entweder mit großen Sprüngen oder durch Blasenbildung.

Die Sprünge können sowohl senkrecht als auch leicht schräg ausgeführt werden; dazu tauchen die Wale unter einen Fischschwarm und schießen mit weit geöffnetem Maul nach oben an die Wasseroberfläche, die von der aufgeschreckten und fliehenden Beute regelrecht aufgepeitscht wird. Dann ist es einen kurzen Moment ruhig, und im nächsten Augenblick brechen die Wale mit einem mächtigen Dröhnen durch die Wasseroberfläche, die Köpfe nah aneinander gedrängt, mit weit aufgesperrten Mäulern, die sich mit einer brodelnden Mischung aus Wasser und Fischen füllen. Langsam sinken die Buckelwale zurück ins Wasser, während sie ihre Zunge fest gegen den Gaumen pressen, um das Wasser durch die Barten hindurchzuquetschen, vor denen die Fische gefangen sind und mit einem einzigen Schluck im Magen der Wale verschwinden.

Im allgemeinen gehen bis zu 7 Wale gemeinsam nach dieser Fangmethode vor, und sie schwimmen so dicht, daß sie sich berühren, wenn sie gemeinsam aus dem Wasser schnellen, in einem engen Kreis von etwa 15 m Durchmesser – eine brodelnde Fläche aus Schwimmflossen, Barten und Schwanzflossen.

Die Sprünge können aber auch leicht angeschrägt oder waagerecht entlang der Wasseroberfläche ausgeführt werden. Manchmal liegt der Wal dabei auf dem Rücken oder schwimmt auf der Seite, während eine seiner Schwimmflossen wie ein Wimpel aus dem Meer ragt.

Bei der Nahrungssuche kommen bis zu 40 Wale zusammen, teilen sich dann in kleinere Gruppen auf und schießen Seite an Seite wie eine Staffel aus dem Wasser, um ein Gebiet nach Fischen oder Planktonschwärmen zu durchkämmen. Nach erfolgreicher Jagd trennen sich die Gruppen meistens; aber einige, durch ihre schwarz-weiße Schwanzmarkierung leicht zu identifizierende Wale wurden mehrere Jahre in der Glacier Bay in Alaska gesichtet, wo sie gemeinsam jagten. Und auch vor der Küste von Massachusetts hat man Wale mit einer ungewöhnlichen Fangmethode entdeckt: Die Tiere steigen mit geschlossenem Maul aus dem Wasser empor und lassen sich dann mit leicht geöffnetem Maul zurücksinken, wodurch ein Strudel entsteht, der die Fische mit sich zieht – das Ganze erinnert an den Abfluß einer Badewanne, über dem sich beim Ablassen des Wassers ebenfalls ein Wirbel bildet.

Die Buckelwale kennen aber noch eine weitere Fangmethode: Sie lassen Luftblasen aufstei-

gen, die in diesem Fall nicht als Imponiergehabe dienen – um andere Buckelwale zu vertreiben –, sondern als Mittel zum Fischfang eingesetzt werden. Die Technik besteht darin, ein Netz aus Luftperlen zu blasen.
Der Wal taucht unter einen großen Schwarm kleiner Fische – wie etwa Heringe oder Kapelane – und bläst einen Kreis aus Luftblasen. Die aufsteigenden Blasen bilden einen hohlen Zylinder, der von einem dichten Netz oder einem Vorhang aus kleinen Bläschen umrahmt wird und in dem die Fische gefangen sind. Man nimmt an, daß sich die Fische vor den blitzenden Lichtreflexionen der Luftblasen fürchten und deshalb in die Mitte des Zylinders flüchten. Der Wal muß nur noch entlang der Säulenmitte mit weit geöffnetem Maul auftauchen; die Fische, die nach oben entfliehen wollen, packt er spätestens an der Wasseroberfläche. Dort schießt er aus dem Wasser, den gigantischen Schlund gefüllt mit Wasser und verängstigten Fischen, die als Nahrung im Maul verbleiben, während das Wasser zwischen den Barten herausgepreßt wird.
Einige Wale arbeiten stets nach der gleichen Fangmethode, denn Übung macht den Meister, und gut eingespielte Teams sind hervorragende Jäger.

Unterwasser-Horror

Immer wieder hört man Geschichten von blutrünstigen Piranhas, die im Amazonas leben und selbst große Tiere innerhalb kürzester Zeit verschlingen. Zwar besitzen viele Fischarten gefährliche Zähne, aber das Gebiß des Piranhas liefert immer neuen Stoff für Alpträume. Von den mehr als 20 Piranha-Arten gelten 4 dieser Raubsalmler als besonders gefährlich. Ihr Maul ist gespickt mit messerscharfen, dreieckigen Zähnen, die für das Herausreißen von mundgerechten Fleischstücken wie geschaffen scheinen. Ein Schwarm Piranhas, der aus mehreren hundert bis tausend Tieren bestehen kann, ist in der Lage, ein Wasserschwein in weniger als 2 Minuten bis auf die Knochen zu zerlegen und säuberlich abzunagen. William Innes, der Nestor vieler Aquarienbesitzer, lieferte eine mittlerweile klassische Beschreibung eines Piranha-Angriffs, bei dem ein Schwein in einen Fluß getaucht wurde, der von Piranhas nur so wimmelte: »Jedes Mal, wenn wir das Schwein aus dem Wasser zogen, war es wieder ein Stück kleiner geworden.«
Den Erzählungen nach soll im Wasser enthaltenes Blut die Piranhas in einen dämonischen Freßwahn steigern; aber obwohl der Geruch von Blut oder anderen Körpersäften die Tiere sicher aggressiver macht, wird der eigentliche Angriff erst durch den Anblick der Beute ausgelöst. Piranhas fallen nur Fische an, die mindestens viermal so lang wie breit sind müssen; zum Glück für ihre Schwarmkameraden sind Piranhas kaum dreimal so lang wie breit.
Um den Titel des »blutrünstigsten Fisches der Welt« wetteifert auch der an der Atlantikküste der Vereinigten Staaten lebende Blaubarsch, der als »lebendige Häckselmaschine« bezeichnet wird. Die eng zusammenarbeitenden Fische stürzen sich im Schwarm auf ihre Beute, die kaum kleiner ist als sie selbst, und hinterlassen in ihrem Sog eine Spur von Blut, Fleischfetzen und Resten von Eingeweiden.
Die in der Tiefsee lebenden, 30 bis 60 cm langen Hundshaie schließen sich gerne zu Jagdbanden zusammen, deren einzelne Mitglieder in der Dunkelheit der Tiefe anhand von Lichtstrahlen zusammenfinden, die ein Organ an ihrer Körperflanke aussendet. Gemeinsam fallen sie über Tintenfische her, die viel größer sind als die Haie. Wie wütende Wespen sollen sich die Hundshaie auf die Beute stürzen, mit den spitzen, oberen Zahnreihen in ihren Opfern festbeißen und sich mit den rasiermesserscharfen Zähnen des Unterkiefers große Fleischstücke herausreißen.
Aber die wahrscheinlich interessanteste Geschichte über gemeinschaftliche Untersee-Aktionen stammt aus Australien. In den Korallenriffen des Great Barrier Reef leben kleine, leuchtend gefärbte, blattförmige, weiße, blaue und rosafarbene Garnelen, die verschiedene Seesternarten angreifen – einschließlich des berüchtigten Stachelseesterns, der sich massenhaft vermehrt und bereits große Teile der empfindlichen Korallenriffe abgeweidet hat. Ein Garnelenpaar arbeitet eng zusammen und »kitzelt« den Seestern an den Füßchen, bis dieser sich nicht mehr mit seinen Saugnäpfen an der Koralle festklammert. Dann drehen die Garnelen

ihn langsam um und halten sich an der weichen Unterseite des Seestern schadlos, bevor er sich wieder zurückdrehen kann.

Spinnenstaat

Die meisten Spinnen meiden die Gesellschaft anderer Spinnen und beschränken den Kontakt auf das Nötigste – wie etwa die Paarung. Selbst dann sind sie noch auf der Hut, die jeweilige Partnerin nicht zu verärgern, um nicht als Festbraten zu enden. Aber in den Tropen gibt es einige Spinnenarten, die bei der Jagd zusammenarbeiten.
In Panama leben Angehörige einer Spezies der Haubennetz- oder Kugelspinnen (Theridiidae) in großen Kolonien bis 10 000 Tieren zusammen, die auf ihrem lakengroßen Netz (bis 4 m Durchmesser) Insekten auflauern. Verfängt sich ein Beutetier im Spinnengewebe, erregen die von ihm ausgelösten Schwingungen des Netzes die Aufmerksamkeit der nächsten Spinne. Falls das Opfer aber zu groß oder zu schwierig zu überwältigen ist, kommen immer mehr Spinnen herbei, um der ersten Spinne zu helfen. Dank dieser Zusammenarbeit können die kleinen, höchstens 5 mm langen Spinnen auch 6 cm große Beutetiere bezwingen, die genügend Nahrung für sie und den Rest der Spinnenkolonie bieten.

Diese staatenbildenden Spinnen leben im Gebiet des Okavango-Deltas im nördlichen Botswana. Dies ist 1 von 30 Spezies, die gemeinschaftlich größere Beute jagen. Die größere »Webkraft« einer Gruppe von Spinnen bedeutet, daß sie gemeinsam ein größeres Netz weben können, um einen größeren Fang zu machen. In der Gruppe können sie sich auch besser gegen gefährliche Wespen und Bienen verteidigen.

Ein Rudel von Grünen oder Anubispavianen genießt die gegenseitige Körperpflege. Mit dieser Pflege werden meist sozial höherstehende oder »bevorzugte« Tiere wie Mütter mit Kindern bedacht und dadurch der Zusammenhalt des Rudels gefördert. Ein Rudel, daß sich gegenseitig pflegt, kämpft auch zusammen.

Das Gähnen des Pavians zeigt eindeutig, daß mit ihm nicht zu spaßen ist; er legt die enormen Eckzähne frei, mit denen ein großer männlicher Pavian eine kleine Antilope erlegen kann.

Paviane schließen sich vereinzelt zu lockeren Jagdgemeinschaften zusammen und fangen Gazellen, kleine Haustiere und junge Tiere, die sich im Gras verstecken. Aber der Zusammenschluß endet mit dem Tötungsakt; dieses Männchen wird das von ihm erlegte Thompsongazellenkitz freiwillig mit niemand anderem teilen.

Wenn sich zwei oder mehr Goldschakale zusammentun – wie hier im Falle der jungen Thompsongazelle – sind sie bei der Jagd erfolgreicher. Die Gazellenmutter ist sehr wohl in der Lage, einen einzelnen Schakal zu vertreiben. Ein Paar kann die Gazelle überlisten: Der eine lenkt das Muttertier ab, und der andere schnappt sich das Junge. Die Beute wird durch einen Biß in die Leisten- und Bauchgegend getötet.

Schabrackenschakale zerreißen einen kleinen Kadaver. Sie müssen schnell fressen, denn andere Diebe sind vielleicht schon im Anflug, um ihnen das Futter zu stehlen.

Lannerfalken jagen in Paaren. Sie leben in Südeuropa und Nordafrika und streifen über die Klippen der Küsten und Wüsten des Mittelmeerraums. Zu ihrer Beute gehören Vögel bis zur Größe von Tauben und Dohlen, die in der Luft überrascht werden, aber auch Sandflughühner, Ratten, Kaninchen, Echsen und Grashüpfer, die sie am Boden fangen.

Rosapelikane schwimmen in einer Linie nebeneinander und treiben Fische vor sich her. Dann tauchen alle gleichzeitig ihre großen Schnäbel ins Wasser und fangen den zusammengetriebenen Fischschwarm ein.

In jedem Herbst warten Eleonorenfalken an Kreuzungspunkten entlang der Zugstraßen des Mittelmeeres und verfolgen junge Zugvögel auf ihrem ersten Flug in den Süden. Die kleinen Vögel werden mit den Fängen im Flug ergriffen. Manchmal arbeiten zwei oder mehr Falken zusammen, um Beute zu erlegen.

Das Maul eines Piranhas, des legendären Killerfisches aus dem Amazonasgebiet, hält, was es verspricht: Die rasiermesserscharfen Zähne können jede Beute in Sekunden zerlegen. Piranhas leben in Schwärmen von 100, an manchen Orten sogar bis zu 1000 Tieren zusammen.

Kleinere Barrakuda-Arten schwimmen und jagen in Schwärmen. Sie sind schreckliche Räuber mit großen, spitzen Kiefern und nadelspitzen Zähnen. Barrakudas schwimmen sehr schnell und treiben andere Fische zusammen, um sie leichter fangen zu können.

Buckelwale ziehen im Sommer in die nahrungsreichen Eismeere, um dort Fisch und Krill zu fressen. Manchmal schließen sie sich den Sommer über zu Allianzen zusammen und schwimmen in einer Linie an der Wasseroberfläche entlang, während sie Fische wie den Kapelan in ihre riesenhaften Schlünde saugen.

Waffen, Lockmittel und Fallen

Besondere Jagdstrategien erfordern manchmal eine außergewöhnliche Anpassungsfähigkeit des Körpers – denn nur mit Hilfe einer einfallsreichen Tarnung kann ein Jäger ein tollkühnes Opfer in die Nähe seines furchtbaren Mauls locken oder ein Beutetier umgarnen, einfangen oder aufspießen. In der Tierwelt finden wir Angler, Schauspieler, Blender, Blinker, Sondierer, Zerschmetterer und Schläger – eine Unzahl von Arten, die mit einem ganzen Waffenarsenal ausgerüstet sind, nur um an ihre Nahrung zu gelangen.

Viele Tiere besitzen speziell entwickelte Kiefer, mit denen sie ihre Beute packen können: Vögel benutzen ihre Schnäbel, andere die kräftigen Hauer im Innern ihres Mauls. Einige Raubtiere verfügen über hochentwickelte Vorder- oder Hinterläufe mit spitzen Fortsätzen und Krallen zum Greifen und Festhalten einer Beute. So bedient sich der Sperlingskauz je nach Art seines Opfers verschiedener Techniken: Kleinere Vögel werden mit den Krallen ergriffen und getötet, Mäuse dagegen durch mehrmaliges Hacken in den Kopf erlegt. Wieder andere Jäger haben sich bestimmte Fähigkeiten angeeignet, die ihnen die Natur nicht mitgab, und einige von ihnen verfügen sogar über Kenntnisse, die lange Zeit als ausschließlich vom Menschen erlernbar galten – sie stellen Werkzeuge her und verwenden sie bei der Jagd.

Nur die wenigsten Raubtiere zerkauen ihre einmal gefangene Beute sorgfältig. Meist verschlingen sie ihr Fressen: Auf diese Weise lassen sich auch größere Mengen sehr schnell bewältigen, so daß andere Tiere die Beute nicht stehlen können und der Jäger auch auf ein plötzliches Überangebot an Futter reagieren kann. Schlangen dagegen benötigen eine ganze Weile, um ihre häufig sehr große Beute zu verschlingen. Sie müssen sogar ihre Kiefer ausrenken, damit das Beutetier durch ihre Mundöffnung paßt. Aber wenn sie sich eine solch enorme Mahlzeit erst einmal einverleibt haben, ist ihr Hunger für eine längere Zeit gestillt.

Sägen und Speere

Die eindrucksvollste Waffe des Meeres gehört einem Fisch: Es ist das lange, leicht abgeflachte, degenartige Schwert des Schwertfisches und seiner Doppelgänger – dem Fächerfisch, dem Speerfisch und dem Marlin. Dieses »Schwert« ist im Grunde nichts anderes als ein extrem verlängerter Oberkiefer, besetzt mit winzigen, spitzen Zähnen, die an Haifischhaut erinnern. Bis heute ist unklar, wie diese Fische ihr Schwert genau einsetzen; aber man

Mit aufgerichteter Rückenflosse durchstreift ein Fächerfisch die Cortezsee in Mexiko. Einige Biologen halten dieses Tier für den schnellsten Meeresfisch, der Geschwindigkeiten bis 109 km/h erreichen kann. Wenn er mit Tempo schwimmt, liegt die große Rückenflosse in einem Spalt dem Rücken an; die anderen Flossen werden eng an den Körper gedrückt.

NÜTZLICHE WAFFEN

Viele Waffen wurden von männlichen Tieren einer Art für den Kampf mit anderen Männchen derselben Spezies entwickelt, und immer geht es bei diesen Streitigkeiten um die Verteidigung des Territoriums oder um das Recht zur Paarung. Manche dieser Waffen können aber auch für die Jagd benutzt werden. Der Walroßbulle beeindruckt mit seinen enormen Hauern andere Männchen, aber er verwendet sie auch bei der Suche nach Muscheln im Meeresboden. Im allgemeinen pflügt das Walroß mit seiner Oberlippe den Boden um - ähnlich einem Wildschwein bei der Trüffelsuche. Es kann aber auch einen Wasserstrahl in den Schlamm blasen, um ein besonders schwer zu erreichendes Weichtier auszugraben. Wenn dieses Vorhaben scheitert, bleiben immer noch die Hauer, die sich hervorragend als Hebel eignen.

Ein dominantes Pavianmännchen zeigt mit einem »Gähnen« seine langen Eckzähne und damit seinen Status - aber diese Zähne können ebensogut für die Jagd auf ein junges Impala oder einen im Gras versteckten Hasen dienen. Der extrem verlängerte Zahn des Narwals spielt nicht nur bei den »Schwertkämpfen« der Männchen eine Rolle, sondern hilft dem Wal wie ein Echolot auch bei der Ortung von Fischen: Starke Vibrationen durchlaufen diesen Zahn bei einem Ruf des Narwals. Oder dient er vielleicht auch zur Bündelung von Geräuschen?

nimmt an, daß sie mit hoher Geschwindigkeit in einen Fischschwarm hineinstoßen und dort mit seitlichen Schwerthieben um sich schlagen. Nach einem solchen Angriff sind die betäubten und verstümmelten Opfer eine leichte Beute.

Obwohl der Sägefisch dem Schwertfisch und den Fächerfischen ähnelt, ist er mit den Rochen verwandt. Er verfügt über eine abgeflachte »Säge« mit 16–32 weit auseinanderstehenden, sehr scharfen, zahnähnlichen Fortsätzen auf jeder Seite des Sägeblattes. Bei diesen Zacken handelt es sich um weiterentwickelte Hautzähne (ähnlich der winzigen zahnähnlichen Fortsätze auf der Haut von Haifischen und Rochen). Das kräftige Schwert besteht aus Knorpel, erhält aber durch Verkalkung größere Stabilität. Bei großen Exemplaren wie dem Gewöhnlichen Sägefisch des Ostatlantiks erreicht die Säge eine Länge bis 1,8 m und eine Breite bis 30 cm. Der Fisch selbst kann bis 6 m lang werden, und ein in der Karibik gefangenes Exemplar hatte ein Gewicht von etwa 2650 kg. Der Australische Sägefisch wird sogar noch größer und erreicht eine Länge bis 7,2 m; angeblich wurde im Chao-Phya-Fluß in Thailand ein Monster von fast 14 m Länge gesichtet.

Auf dem offenen Meer schwimmt der Sägefisch in einen Fischschwarm hinein und schlägt dort mit mächtigen seitlichen Bewegungen seiner Säge um sich. In seinem Kielwasser läßt er eine Spur getöteter oder sterbender Beutetiere hinter sich, die er auf dem Rückweg in aller Ruhe verzehrt.

In flachen Gewässern schwimmt der Sägefisch dicht über dem Boden und fängt am Grund lebende Beute mit dem Maul, das sich auf der Unterseite des Kopfes hinter der Säge befindet. Hin und wieder stochert er mit der Spitze seiner Säge Schalen- und Weichtiere vom Meeresgrund auf; deshalb wurden viele Sägefische gesichtet, deren Säge beschädigt war. Man hat auch schon einige dieser Tiere dabei beobachtet, wie sie ein auf der Oberfläche schwimmendes Opfer mit ihrer Säge aufspießten, es auf den Meeresgrund hinabrissen, dort von der Säge streiften und auffraßen.

Sägefische haben sogar schon Menschen angegriffen – auch wenn es sich dabei um Unfälle handeln kann. Es gibt Berichte aus der Bucht von Panama, nach denen Menschen von Sägefischen getötet wurden, und bei einem Vorfall in Indien soll ein Schwimmer in zwei Teile geteilt worden sein.

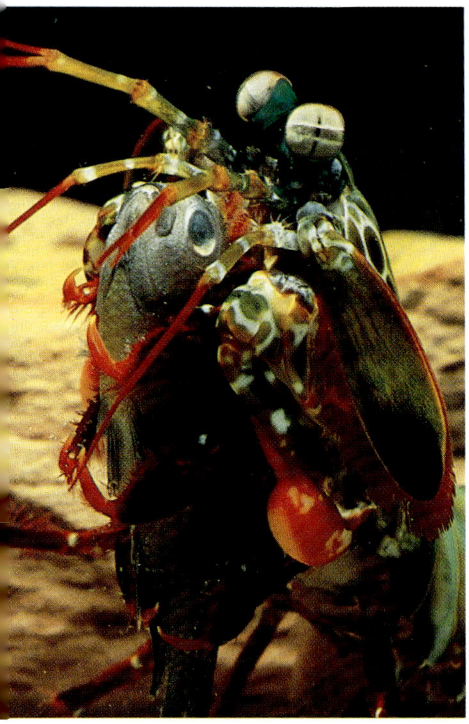

Fangschreckenkrebse wirken wie ein Ritter in voller Rüstung. Sie besitzen ein festes Außenskelett, und einige Arten können ihren Schwanz so auffächern, daß er einen Schild bildet. Andere sind mit Speeren ausgerüstet, und wieder andere mit hammerartigen Knüppeln. Dieses Exemplar hat gerade einen Fisch aufgespießt.

Wie ein Hammerschlag

Ein weiteres außergewöhnliches Waffensystem des Meeres wurde von einer farbenfrohen Gattung von Meerestieren entwickelt, die unter dem Namen Stomatopoden oder Fangschreckenkrebse bekannt sind. Diese tropischen Schalentiere ähneln den Garnelen; sie besitzen acht Beinpaare, von denen die letzten drei für die Fortbewegung und die ersten fünf zum Fressen, Graben und Putzen verwendet werden.

Der Fangschreckenkrebs verfügt über zwei außergewöhnliche Augen. Sie sind sehr groß und lassen sich – wie beim Chamäleon – unabhängig voneinander bewegen; der Krebs säubert sie mit kleinen Bürsten auf dem ersten Paar seiner Gliedmaßen. Das dritte, vierte und fünfte Paar ist mit kleinen Haken versehen, um Nahrung und andere Objekte zu bewegen – aber am interessantesten ist das zweite Beinpaar: Diese Beine sind besonders groß und bilden eine mächtige Waffe, deren Größe schon andeutet, welche Beutetiere der Krebs zu fangen in der Lage ist.

Es gibt Stomatopoden mit modifizierten Gliedmaßen, deren Spitzen in einem vielzackigen Speer enden. Diese Tiere sind in der Lage, Beute mit einem sehr weichen Körper (beispielsweise Garnelen und Fische) aufzuspießen: Wenn sich ein Opfer nähert, entfalten sich die Beinpaare des Krebses, der Speer schießt hervor und spießt die Beute auf. Dann wird das Opfer zum Mund gezogen und mit Hilfe der anderen Beinpaare und der Kiefer zerlegt.

Eine zweite Gruppe zerschmettert ihre Beute. Statt eines Speeres verfügen diese Krebse über einen großen, hammerähnlichen Fuß, mit dem sie auch stärker gepanzerte Beute wie Krabben, Einsiedlerkrebse und Meeresschnecken angreifen. Krabben werden zuerst bewegungsunfähig gemacht, indem der Fangschreckenkrebs ihre Beine zerschmettert. Dann bricht er mit einem Hagel von Schlägen den Panzer seines Opfers auf, um an das weiche Innere zu gelangen. Dieser Hammer ist so kräftig, daß ein Fangschreckenkrebs damit die Glaswand eines Aquariums zerschmettern kann.

Der Gebrauch von Werkzeugen

Auf den Galapagos-Inseln vor der ecuadorianischen Küste im Pazifik gibt es keine Spechte. Aber eine andere Vogelart hat diese ökologische Nische besetzt – der Spechtfink. Da er zur Familie der Finken gehört und erst seit kurzem (in geologischen Zeiträumen gerechnet) eine besondere, ungenutzte Nahrungsquelle kennt, verfügt dieser Vogel noch nicht über spezielle anatomische Merkmale, um an seine Nahrung zu gelangen. Spechte besitzen einen langen, kräftigen Schnabel, mit dem sie in Bäume hacken können, sowie eine spezielle Zunge zum Herausstochern von holzbewohnenden Larven. Beides fehlt dem Spechtfink, der statt dessen mit Werkzeugen arbeitet. Zunächst sucht er sich einen Kaktus und bricht einen Stachel ab,

Der lustige und knuddelige Seeotter verwendet bei der Nahrungssuche Werkzeuge. Von einem Tauchgang auf den Meeresboden hat er eine Muschel mitgebracht; nun benutzt er den Stein auf seinem Bauch als »Amboß«, um sie zu öffnen. Seeotter leben in den Seetangwäldern entlang der nördlichen Pazifikküste.

denn fliegt er damit zu einer Ritze oder Spalte, in der Insekten leben, und klaubt mit dem Dorn seine Nahrung hervor.

Schimpansen benutzen eine ähnliche Methode zum Termitenfang. Sie suchen sich geeignete Grashalme und stecken sie in den Eingang eines Termitenbaus. Daraufhin greifen die Termitensoldaten den Halm an und verbeißen sich mit ihren großen Kiefern in den »Eindringling«. Nach einiger Zeit zieht der Schimpanse den Halm aus dem Loch heraus und leckt oder wischt seine Beute davon ab. Die Auswahl des richtigen Grashalmes oder Zweigs wird sorgfältig überdacht, und wenn der Halm sich während des »Angelns« verbiegt, beißt der Schimpanse den beschädigten Teil ab oder wirft ihn fort. Mit kleinen Ästen graben Schimpansen nach Ameisen, Bienen oder Honig, und mittels größerer Zweige brechen sie sogar Ameisenbauten auf. Man nimmt an, daß die Jungen diese Technik von ihren Eltern erlernen und sie mit steigender Übung verbessern.

Auch andere Primaten verwenden Werkzeuge: Kapuzineraffen benutzen Zweige, mit denen sie Baumrinden nach Insekten absuchen, und Paviane graben mit Stöcken nach ihrer Insektenbeute. Sie sollen auch schon Skorpione mit einem Stein zerschmettert haben.

Der an der nordamerikanischen Pazifikküste heimische Seeotter ist ein besonders charmantes Beispiel für ein Tier, das Werkzeuge benutzt. Diese Meeressäuger tauchen in flacher See bis auf den Meeresgrund und bringen Krabben, Seeigel, Mies- und Venusmuscheln sowie einen Stein an die Oberfläche, mit dessen Hilfe sie ihre Beute öffnen. Beim Fressen treiben sie auf dem Rücken: Der 10 cm große Stein wird wie ein Amboß auf die Brust gelegt; die Beute wird nun mit den Vorderpfoten gehalten und immer wieder auf den Stein geschlagen. Otter sind bekannt dafür, daß sie sich einen »Lieblingsstein« suchen, den sie beim Tauchen in ihrer Armbeuge halten. Ähnlich wie bei den Schimpansen erlernen auch die jungen Otter den Umgang mit Werkzeugen von den Eltern.

Tödliche Füße

Auch Füße können töten. Greifvögel sind das beste Beispiel dafür: Sie fangen und töten ihre Beute nicht mit dem Schnabel, sondern mit mächtigen Füßen, bewehrt mit Klauen oder Krallen. Diese Fänge lassen sich der Größe des Opfers entsprechend verändern – einander überlappende Krallen zerdrücken ein kleines Beutetier, eine weit gespreizte Klaue fängt große Beute. In manchen Fällen hat sich der Fuß so weit angepaßt, daß der Jäger damit nur ganz spezielle Beutetiere jagen kann.

Seeadler und Fischadler besitzen kleine Horndornen auf der Unterseite der Zehen, mit denen sie auch schlüpfrige Fische festhalten können. Schlangenadler verfügen dagegen über kräftige Fänge und kurze Krallen, die für dünne, sich windende Schlangen besonders geeignet sind und mit denen sie das anfällige Rückgrat einer Schlange mit dem ersten Griff zerbrechen.

Große Adler wie der Stein- und der Kaffernadler zeichnen sich durch große, kräftige Fänge mit einem langen hinteren Zeh und scharfen Krallen aus, so daß sie auch größere Säugetiere wie Hasen und Schliefer ergreifen und töten können. Der Kaffernadler ernährt sich fast ausschließlich von Klippschliefern, die er auf Klippen oder aus Baumkronen fängt, auf denen sich die unglücklichen Opfer gerne sonnen. Sein Griff ist so kräftig, daß nicht einmal ein Mensch auch nur eine seiner Klauen lösen könnte.

Den kräftigsten Fang aber besitzen die Harpyien. Der Knöchel eines ausgewachsenen Weibchens ist etwa 2 cm dick, und die Fußspanne des Greifvogel beträgt 23–25 cm. Jeder Zeh ist mit dolchartigen, fast 4 cm langen Klauen versehen, mit denen die Harpyie auch große Säugetiere wie Schweine und Antilopen fangen und töten kann; kleinere Affen werden mit einem einzigen Griff ins Jenseits befördert.

Die messerscharfen Krallen des jungen Pumas helfen ihm nicht nur beim Abstieg von Bäumen, sondern ermöglichen es diesem Raubtier, zappelnde Beute zu fangen und festzuhalten. Wenn die Krallen nicht benötigt werden, lassen sie sich einziehen und bleiben so scharf, bereit für den nächsten Einsatz.

Der Sekretär dagegen ist ein Greifvogel, der ohne die Fänge seiner Verwandten auskommen muß und daher den größten Teil seiner Zeit auf dem Boden verbringt. Er benötigt seine Beine und Füße eher zum Gehen als zur Jagd. Aber auch der Sekretär kann mit den Füßen töten. Wenn er keine seiner üblichen Opfer wie Insekten oder Nagetiere findet, die er mit dem Schnabel aufpickt, greift dieser Vogel auch größere Tiere oder Schlangen an und versucht, sie zu zertreten.

Auch die Katzen verfügen über tödliche Krallen; allerdings können sie sie – im Gegensatz zu den Greifvögeln – einziehen. Im allgemeinen erinnern die Krallen einer Raubkatze an einen Krummsäbel: Sie sind groß, geschwungen und spitz und ermöglichen es dem Tier, seine Beute zu packen und festzuhalten. Aber meist sind die Krallen in eine fleischige Scheide in der Pfote eingezogen, so daß die Spitzen unversehrt und scharf bleiben. Erst im Moment des Beutefangs werden die Krallen durch Muskeln ausgefahren und sind zum Angriff bereit. Darüber hinaus hat eine Katze an der Unterseite ihrer Pfoten weiche Polster, die ein leises Anschleichen ermöglichen. Der Gepard besitzt allerdings etwas härtere Polster mit einem reifenähnlichen Profil für bessere Bodenhaftung; außerdem ziehen sich seine Krallen nur zur Hälfte ein, so daß ihre Spitzen wie die Spikes eines Laufschuhs hervorstehen.

Bei den wirbellosen Tieren verfügt vor allem der Seestern über besonders interessante »Füße«. Es handelt sich dabei um eine große Anzahl von sogenannten Röhrenfuß-Tentakeln, die sich in mehreren Reihen an der Unterseite jedes Seesternarms befinden und mit ihren Nachbarn durch eine wassergefüllte Röhre verbunden sind. Der Seestern bewegt sich fort, indem er Wasser durch diese Röhren pumpt. Die abgeflachten Enden dieser Füße enden in Saugscheiben. Mit Hunderten von solchen Saugnäpfen kann sich das Tier langsam über den Meeresboden oder Felsen fortbewegen; aber das System kommt erst dann zur vollen Geltung, wenn der Seestern zufällig auf Beute trifft.

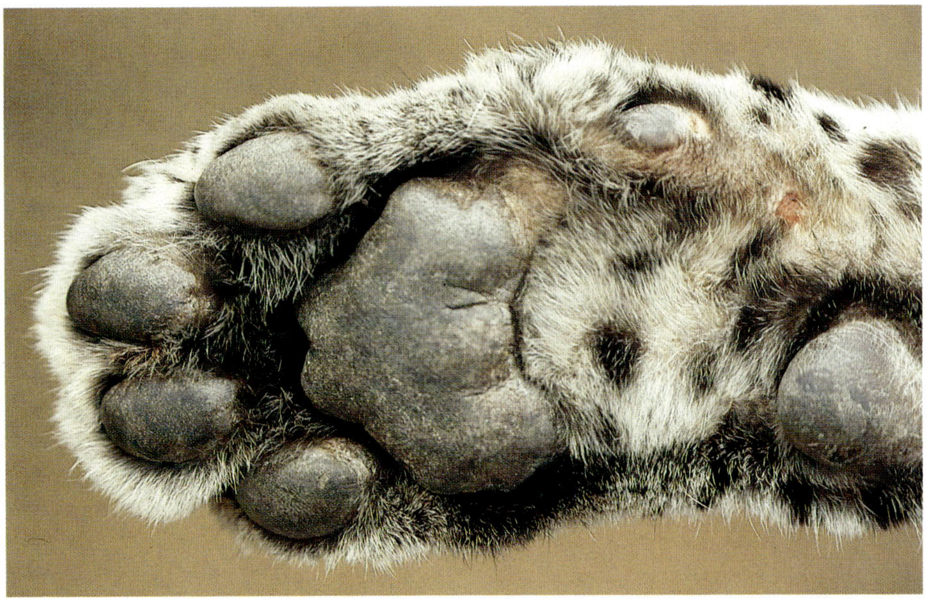

Die weichen Polster der Leopardenpranke ermöglichen dem Tier ein leises Anschleichen an seine Beute. Es muß die Tatzen vorsichtig aufsetzen, damit durch die elastische Ballenhaut kein »raschelndes« Geräusch entsteht.

Dieser Braunpelikan aus den Everglades in Florida besitzt einen der spezialisiertesten und größten Schnäbel der Vogelwelt. Braunpelikane tauchen nach Fischen, oft aus großer Höhe. Der große Schnabel mit dem ausdehnbaren Kehlsack kann Fische bis 30 cm Länge aufnehmen.

Besonders erfolgreich ist der eher langsame Seestern bei der Jagd nach zweiklappigen Schalentieren: Miesmuscheln und Sandklaffmuscheln können ihm nicht entfliehen; nur die Kamm-Muscheln sind in der Lage, ihre Schalen ruckartig zusammenzuklappen und durch diesen »Wasserstrahlantrieb« zu fliehen. Im allgemeinen kann sich eine Muschel nur dadurch verteidigen, daß sie ihre Schalen fest verschließt und wartet, bis die Gefahr vorüber ist. Aber der Seestern kennt einen Weg, diesen Panzer aufzubrechen. Er setzt sich rittlings auf die Muschel und saugt sich an beiden Schalen fest; ein Sekret in den Saugscheiben erhöht die Saugkraft zusätzlich. Durch steten Zug gelingt es ihm schließlich, die beiden Schalen auseinanderzuzerren. Sobald eine kleine Öffnung entstanden ist, stülpt er seinen dünnwandigen Magen durch die Mundöffnung in der Mitte seines Körpers und schiebt ihn zwischen die Muschelschalen, um dann die Muschel von innen heraus zu verspeisen.

Zähne, Schnäbel und Feilen

Der Mund spielt eine besonders wichtige Rolle beim Fang oder bei der Bearbeitung einer Beute, die gefressen und geschluckt werden soll. Vögel besitzen zahnlose Schnäbel; Säugetiere, Reptilien und Fische verfügen dagegen über Zähne, und gepanzerte Tiere wie Insekten und Krustentiere haben oft Mundfortsätze, die in Scheren enden.

Vogelschnäbel gibt es in allen erdenklichen Formen und Größen, immer abhängig von einem ganz bestimmten Lebensstil. Greifvögel besitzen kräftige, gekrümmte Schnäbel, mit denen sie Fleisch zerreißen; Reiher verfügen über lange, spitze Schnäbel, um damit nach Fischen zu stechen oder zu schnappen; Pelikane haben große, breite Schnäbel mit einem dehnbaren Kehlsack, um so frisch gefangene Fische aufzubewahren; viele Watvögel besitzen lange, schlanke Schnäbel zum Stochern in Sand und Schlick; Säbelschnäbler haben nach oben gebogene Schnäbel, mit denen sie durch das Wasser »mähen«, um kleine Meerestiere zu fangen; Löffler verfügen über einen löffelförmigen Schnabel, um damit im Schlick nach Wirbellosen zu suchen; und Papageitaucher haben einen besonders bunten, stumpfen Schnabel, mit dem sich jederzeit mehrere Sandaale gleichzeitig transportieren lassen.

Im allgemeinen kennen Vögel keine Zähne. Aber der Mittelsäger besitzt einen Schnabel, dessen Ober- und Unterseite sägezahnförmig ausgezackt sind, so daß er damit auch schlüpfrige Fische fangen und festhalten kann. Der Anhinga – der zur Familie der Schlangenhalsvögel gehört – verfügt dagegen über spezielle Sehnen, durch die er seinen langen, dünnen Hals ruckartig strecken kann, um mit seinem spitzen, speerartigen Schnabel einen Fisch aufzuspießen.

Große und kleine Katzen besitzen ebenso wie wilde Hunde oder Wölfe lange, spitze Eck-

zähne, mit denen sie die Kehle ihres Opfers packen und so lange zudrücken, bis es erstickt. Ihre Backenzähne eignen sich besonders zum Zerschneiden oder Zerreißen größerer Fleischbrocken.
Die nach innen gebogenen Zähne einer Schlange verhindern, daß das Opfer sich losreißt, und sorgen zusammen mit den besonderen Kieferbewegungen dafür, daß es immer tiefer in die Kehle gezogen wird.
Die Haifische haben ihren Ruf als gefährlichste Jäger der Meere vor allem ihren Zähnen zu verdanken; dennoch besitzen nicht alle Haifischarten auch gleichartige Zähne. Man findet große und kleine, spitze und stumpfe Zähne, säge- und messerartige Zähne sowie Mahl- und Schneidezähne – aber all diese Zahnarten wachsen bei Haien immer wieder nach. Sie liegen auf einer Art Förderband, an dessem hinteren Ende die neuen Zähne nachwachsen. Wenn das Tier eine Zahnreihe verliert – was bei einem Zitronenhai alle 8 Tage geschieht – schieben sich die hinteren, neu entstandenen Zähne nach vorne. Dadurch ist ein Hai immer zur Jagd bereit. Aber wie viele andere Raubtiere kann auch er nicht kauen, sondern muß sich, um an ein Stück Fleisch zu kommen, in größere Opfer verbeißen und ruckartig den Kopf schütteln, bis die Zähne durch Fleisch und Knochen gedrungen sind.
Makos und Sandhaie besitzen lange, spitze, ahlenförmige Zähne, mit denen sie Fische und Tintenfische schnappen. Weiße Haie haben dagegen gezackte, dreieckige Sägezähne, um damit die Knochen und den Speck von Säugetieren zu zerschneiden. Die Zähne des Tigerhais besitzen eine charakteristische L-Form; auch sie sind gezackt und dringen sogar durch einen Schildkrötenpanzer. Mit ihren stumpfen Zähnen knacken die Hundshaie die Schalen von Muscheln und Weichtieren, und Doggenhaie besitzen sogar zwei Zahnarten: kleine, spitze Zähne, mit denen sie Fische fangen, und flache, pflastersteinartige Backenzähne, um Schalentiere aufzuknacken. Eine kaum 42 cm lange Haiart ist als »Cookie-Cutter Shark« (Ausstechform-Hai) bekannt, weil sie ihren Opfern (meist Kraken) wie mit einer Ausstechform kreisrunde Stücke aus dem Körper reißt. Dieser Hai verfügt über die proportional größten Zähne aller Haiarten; sie sind dreieckig, spitzzulaufend, und ein Zahn ist so lang wie ein Viertel des gesamten Kopfes.
Die wohl eigenartigsten Zähne der Tierwelt findet man bei einigen Weichtieren, deren Zähne – oder Zähnchen – auf einer bandartigen »Zunge« oder Radula angebracht sind. Mit Hilfe dieser Radula bricht die in Großbritannien beheimatete Gitterschnecke die oberen Kalkplatten der Entenmuscheln auseinander, die diese vor dem Austrocknen bewahren, und bohrt sich in den Körper dieser Krebstiere hinein. Kleine, runde Löcher in einer Muschelschale sind das typische Zeichen für einen Raubzug einer Gitterschnecke. Nachdem das Loch gebohrt ist, dient die Radula als Förderband, mit dem die Schnecke das weiche Fleisch aus dem Körper transportiert. Nabelschnecken weichen die harte Schale ihrer Opfer mit Säure auf, bevor sie mit dem Bohren beginnen – aber die Kegelschnecke setzt dem Ganzen die Krone auf: Wenn sie ein Opfer gefangen hat – etwa einen Fisch in einer Felsspalte – harpuniert sie es mit einem Zahn am Ende ihrer Radula und injiziert der Beute ein paralysierendes Nervengift. Dieses Gift ist so stark, daß es sogar dem Menschen gefährlich werden kann.

Tod durch Gift

Weitaus mehr Menschen sind durch Bienen-, Wespen- oder Skorpionsstiche, durch Schlangen- oder Spinnenbisse umgekommen als durch die tödlichen Attacken riesiger Haie.
Die Skorpione zählen zu den ältesten stechenden Wesen. Sie leben schon seit 400 Millionen Jahren auf der Erde und benutzen ihren Giftstachel meist nur zur Verteidigung. Nur wenn ein Skorpion eine wild zappelnde Beute vor sich hat, verwendet er sein Gift. Der Stachel befindet sich an der Spitze des gewölbten Hinterteils und kann über den Rücken gebogen werden. Beute fängt der Skorpion mit Hilfe seiner Scheren; er sticht nur besonders große oder wilde Opfer. Einige – aber längst nicht alle – Skorpione sind gefährlich für den Menschen: Die tödlichen Arten produzieren ein Nervengift, das partielle Lähmungen, Fieber und manchmal den Tod verursacht.
Insektenstiche sind vor allem für Menschen mit schwachem Herzen oder starken allergi-

schen Reaktionen gefährlich, weniger für einen gesunden Erwachsenen. Für ein Beutetier dagegen sind Insektenstiche immer tödlich, und einige Insekten können mit ihren Stichen bleibende Schäden verursachen.

Parasitische Wespen wie eine Dolchwespe in Arizona sind besonders gefährlich für große Spinnen. In einem auf den ersten Blick einseitigen Kampf trickst die kleine, wendige Wespe die große, haarige Tarantel aus und überwältigt sie. Die Wespe umgeht die gefährlichen Giftzähne der Spinne und sticht sie mit ihrem dolchartigen Giftstachel. Dadurch wird die Tarantel nicht getötet, sondern gelähmt und dient als lebendes Proviantlager für den Nachwuchs der Wespe: Im Innern der Spinne schlüpfen aus den dort abgelegten Wespeneiern die Larven und fressen im Verlauf ihres Wachstums das Innere der Spinne völlig auf.

Die Schwarze Witwe, erkennbar an ihrem glänzenden schwarzen Körper mit der knallroten, sanduhrförmigen Markierung, ist für den Menschen besonders gefährlich; der Biß des Weibchens gilt als sehr schmerzhaft, aber selten tödlich. Diese Spinne attackiert alles, was ihr Netz in Schwingung versetzt, und in tropischen Ländern findet man sie häufig in freistehenden Toilettenhäuschen.

Aber auch Spinnen verfügen über gefährliches Gift. Am gefährlichsten für den Menschen ist wohl die berüchtigte Schwarze Witwe, die bis zur Entwicklung eines Gegengifts allein in den USA für 55 Tote verantwortlich war. Diese Spinne beißt keinen Menschen vorsätzlich; sie verteidigt sich auf diese Weise, und in ihrer natürlichen Umgebung überwältigt oder tötet sie ihre Opfer mit ihrem Gift. Eine Spinne schnappt sich ihre Beute mit einem Paar großer, spitzer und hohler Zähne. Nachdem sie ihr Opfer bewegungsunfähig gemacht hat, versucht sie nicht, den Körper aufzubrechen und zu verschlucken, sondern durchbohrt die Haut ihrer Beute und saugt die Körperflüssigkeit aus.

Auch Hundertfüßer verfügen über einen giftigen Biß. Die hohlen Kieferfüße an ihrem ersten Körpersegment werden über Röhren aus speziellen Giftdrüsen gefüllt. Dann ergreift der Hundertfüßer seine Beute, lähmt sie und schlitzt sie mit den Kiefern auf. Große Spezies verfügen über enorme Kieferfüße; sie liegen unter Steinen oder im Unterholz und warten auf Echsen, Frösche, Kröten und sogar Mäuse. Die größeren tropischen Arten können besonders schmerzhaft zubeißen und sind auch für Menschen gefährlich.

Zwei spezielle Echsenarten, die Gila-Krustenechse Arizonas und die Skorpions-Krustenechse der mexikanischen Sonora-Wüste, besitzen Giftdrüsen am Hinterrand der Unterkiefer. Die Drüsen bestehen aus 3 oder 4 Lappen, die über Röhren mit den großen Giftzähnen verbunden sind; die Zähne selbst haben Rinnen, durch die das Gift fließen kann.

Schlangen besitzen 1 Paar Zähne im Oberkiefer, über die sie ihr Gift absondern. Bei einigen Schlangenarten liegen diese Zähne am hinteren Rand des Mauls, so daß sie auf ein Opfer beißen müssen, um ihr Gift zu injizieren. Dieses Gift entsteht in umgewandelten Speicheldrüsen und wird durch einen Giftkanal in die Zähne geführt. Andere Schlangenarten haben dagegen große, hohle, röhrenartige Zähne im vorderen Teil des Oberkiefers. Die

Giftzähne von Mambas und Kobras stehen fest und sind jederzeit bereit für einen Angriff, während Klapperschlangen in Ruhestellung ihre Zähne in eine Scheide im Gaumen einklappen können, um sie erst im Moment des Zubeißens auszuklappen.
Die Königskobra zählt zu den berühmtesten Giftschlangen der Welt. Sie erreicht eine Länge bis 6 m und ernährt sich hauptsächlich von anderen Schlangen; allerdings hat sie bei einem Angriff auch schon Elefanten attackiert und getötet. Die für den Menschen tödlichste Giftschlange ist dagegen der australische Taipan. Mit einer Länge von 3 m ist diese braune Schlangenart Australiens größte Giftschlange; sie kann große Mengen hochgiftiger Flüssigkeit produzieren. Als ein Exemplar zu Testzwecken »gemolken« wurde, hätte die auf diese Weise gesammelte Tasse voll Schlangengift ausgereicht, Zehntausende von Mäusen zu töten. Die Giftzähne des Taipan sind länger als bei den meisten anderen Arten, so daß die Schlange ihre tödliche Mischung besonders tief in den Körper eines Opfers injizieren kann. Statt eines einzigen Bisses greift der Taipan seine Beute mehrmals an: Das bedeutet für das unglückliche kleine Säugetier oder den Vogel den sofortigen Tod.
Eine seltsame und seltene kleine Säugetierart verfügt ebenfalls über einen tödlichen Biß. Es handelt sich um den Schlitzrüßler, ein spitzmausähnliches Tier von der Größe eines Eichhörnchens, das in der Karibik lebt. Es sind zwei Spezies bekannt – der Haiti-Schlitzrüßler und der Almiqui oder Kuba-Schlitzrüßler –, die beide eine lange, rüsselartige Schnauze besitzen. Ähnlich wie bei den Spitzmäusen befindet sich das Gift in ihrem Speichel.

In der Dunkelheit der Tiefsee lockt der Laternenangler seine Beute mit Hilfe des verlängerten ersten Rückenflossenstrahls, dem Illicium, an – einer Kopflaterne, die in einem leuchtenden, blitzenden, gekräuselten Köder endet. Am Unterkiefer des Fisches hängt ein schwach leuchtendes, verzweigtes Anhängsel, der sogenannte Bartfaden.

Auf Angeltour

Der wohl bekannteste Köder des gesamten Tierreichs ist der von Anglerfischen (Armflosser), von denen es viele verschiedene Formen gibt. Manche Arten bevorzugen flache Gewässer, andere dagegen die Tiefsee (siehe unten). Am bekanntesten ist der Seeteufel mit seinem enormen, höhlenartigen Maul. Er liegt regungslos auf dem sandigen oder schlammigen Meeresgrund, und seine fedrigen Hautlappen lassen ihn fast völlig mit der Umgebung verschmelzen. Vor seinem Kopf hängt der vorderste Rückenflossenstrahl herab, der in einer fleischigen Spitze endet. Der Seeteufel kann diese »Angelrute« so bewegen, daß sie einem kleinen beweglichen Objekt ähnelt; auf diese Weise lockt er andere Fische auf Nahrungssuche heran. Sobald dieser Fisch nur noch einige Zentimeter von der Schnauze des Seeteufels entfernt ist, öffnet dieser sein Maul weit und schluckt besonders heftig, so daß sein Opfer zusammen mit dem Wasser ins Maul gesogen wird. Dieser Vorgang spielt sich in Sekundenbruchteilen ab, und die nach innen gebogenen Zähne des Seeteufels verhindern, daß die Beute entkommt. Der Atlantische Seeteufel wird bis 1,7 m lang und etwa 40 kg schwer, und sein Maul ist groß genug für Graue Meeraale, Knurrhähne, Rochen und sogar tauchende Seevögel. Ein besonders gieriger Anglerfisch starb bei dem Versuch, eine ausgewachsene Möwe zu verschlucken.
Die farbenfrohen Froschfische der Tropen zählen zu den nahen Verwandten der Anglerfische, und auch sie locken ihre Beute auf ähnliche Weise an. Häufig gleichen ihre Köder sich windenden rosa oder weißen Würmern; sie können sich ebenso zusammen- oder entrollen wie ein Wurm, der seine Höhle verlassen hat.
Die Staatsquallen gehören zu den frei schwebenden, Kolonien bildenden Verwandten der Quallen. Auf den ersten Blick wirken sie recht »einfach« – aber diese Hohltiere verfügen über eine besonders kunstvolle Methode, mit denen sie Beute in die Nähe ihrer Tentakel locken. Einige Staatsquallenarten sind zu aktiver Fortbewegung fähig und winden sich mitten in eine dichte Wolke ihrer Opfer, wo sie alles fressen, was sie bekommen können. Andere, besonders langsame Verwandte überlassen nichts dem Zufall. Ihre Nesselkapseln, mit denen sie ihre Beute töten, sind zu rot gefärbten Gruppen zusammengefaßt, bei denen zwei sensible Fäden als Auslöser dienen. Diese Nesselkapselbatterien ahmen die Bewegungen eines Ruderfußkrebses (ein winziger Krebs – Bestandteil des Planktons) so genau nach, daß sogar dessen hüpfende Fortbewegungsart erkennbar ist. Wieder andere Staatsquallenarten besitzen Nesselkapselbatterien in Form einer Fischlarve, mitsamt Augen und Flossen. Damit locken und fangen sie kleine Meerestiere, die sich von Fischlarven ernähren.

In etwas größerem Maßstab greift auch die Geier- oder Schnappschildkröte zu einem Köder. Sie liegt teilweise bedeckt im Schlamm langsam fließender Flüsse im Osten oder Südosten Nordamerikas, und nur ihr Kopf und das geöffnete Maul ragen aus dem Sediment heraus. Die Seiten, der Boden und der Gaumen des Mauls sowie ein Großteil der Zunge sind dunkel, aber ein kleiner Fortsatz der Zunge ist mit auffälligen roten Punkten bedeckt. Die Schildkröte kann diesen Fortsatz so bewegen, daß er in jeder Hinsicht einem saftigen Wurm gleicht. Jeder kleine Fisch, der diesen Wurm zu fangen versucht, findet sich blitzschnell im Maul des Räubers wieder: Die Kiefer der Schildkröte schnappen zu, und das Opfer sitzt in der Falle.

Einige Schlangenarten arbeiten mit einer ähnlichen List. Die Jungtiere tödlicher Giftschlangen wie der Lanzenotter, der Wassermokkassinschlange oder des Kupferkopfs besitzen gelb gefärbte Schwanzspitzen. Wenn diese Spitze vor einem Frosch oder einer Kröte hin- und herbewegt wird, lockt diese Bewegung den Lurch in die tödliche Nähe der Schlange.

Die zarte Larve einer Raubwanze aus Costa Rica ist in der Lage, Werkzeuge herzustellen.

Die Larve einer westafrikanischen Raubwanze tarnt sich mit den Häuten ihrer Opfer und Sandkörnern. Geschützt durch den Geruch des Opfers kann sie sich anschleichen und zuschlagen, ohne entdeckt und angegriffen zu werden.

Sie besitzt eine Vorliebe für Termiten und hat eine Methode entwickelt, mit der sie die normalerweise aggressiven Termitensoldaten in die Irre führt, um auf diese Weise gefahrlos an ihre Beute – die Termitenarbeiter – zu gelangen. Zunächst »verkleidet« sich die Larve. Sie befestigt kleine Stücke des Termitenbaus an ihrem Körper, was ihr den »Duft« der Kolonie verleiht. So getarnt, macht sie sich an den Eingang des Baus heran, greift sich die erste Termite, injiziert ihr ein Verdauungsenzym und saugt sie aus. Die ausgetrocknete Hülle dieser Termite dient als Köder für weitere Artgenossen: Da in einem Termitenbau niemals etwas weggeworfen wird – schon gar nicht die proteinreiche Hülle einer toten Termite – kann die Raubwanze unter den Augen der Soldaten weitere Beute machen. Man hat diese Wanze schon bis zu 3 Stunden lang nach Termiten »angeln« sehen; in dieser Zeit fing sie etwa 30 Insekten – alle 6 Minuten eine Termite.

Auch der Mangrovereiher stellt seine eigenen Werkzeuge her. Um einen Fisch aus seinem Versteck und an die Wasseroberfläche zu locken, wirft der Reiher genau wie ein menschlicher Angler, der mit Fliegen fischt, kleine Köder aus: Dabei kann es sich um Lebendköder wie Insekten oder um künstliche Köder wie Zweige, Federn oder Brotkrümel handeln. Wenn ein Zweig zu lang sein sollte, bricht ihn der Vogel so lange entzwei, bis die Einzelteile die richtige Länge aufweisen. Diese werden dann über das Wasser verteilt, und jeder Fisch, der sich ins Freie wagt, um an seine »Beute« zu kommen, wird sofort gepackt.

Der Glockenreiher geht mit einer Sonnenblende auf Jagd. Er stelzt durch flache Gewässer und verharrt ab und zu, um ins Wasser zu starren. Dabei spreizt der Reiher seine Flügel und hebt sie wie einen großen, schwarzen, fedrigen Sonnenschirm seitlich an oder über den

Kopf. Man nimmt an, daß die Flügel die Augen des Vogels vor der Sonne schützen und Lichtreflexe auf dem Wasser verhindern sollen.

Lichtköder

Glühwürmchen und Johanniswürmchen sind im Grunde keine Würmer, sondern eigentlich Leuchtkäfer und ihre Larven. Ihre Leuchtkraft dient hauptsächlich der Werbung; eine Art fängt aber auf diese Weise auch ihre Beute. Die weiblichen Leuchtkäfer dieser Spezies imitieren die Lichtzeichen einer anderen Leuchtkäferart. Deren Männchen glauben, ein Weibchen ihrer Spezies vor sich zu haben und entdecken viel zu spät, daß sie in den Tod gelockt wurden.
In den Waitomo-Höhlen in Neuseeland sind leuchtende Insekten zu einer Touristenattraktion

In den Höhlen des Lamington-Nationalparks in Australien erzeugen Pilzmückenlarven einen leuchtenden Vorhang. Sein Glanz zieht Beute an, die sich in den klebrigen Fäden verfängt, die von der Höhlendecke herabhängen.

geworden, denn sie repräsentieren eines der größten Wunder der Natur. Von der Decke der Höhle hängen Hunderte glühender Bänder herab und bilden einen leuchtenden, blaugrünen Vorhang. Dieser Vorhang wird von den Larven einer kleinen Mückenart gebildet, die auf diese Weise ihre Beute fängt.
Jede Larve wird von einer seidenen Hülle geschützt und klebt unter der Höhlendecke, wo sie mehrere (etwa 20) dicke Fäden absondert, die zwischen 15 cm und 60 cm lang sein können und in der Dunkelheit deutlich sichtbar sind. Einige Larven produzieren aber auch bis zu 70 Fäden gleichzeitig. Auf den einzelnen Fäden befinden sich in geringem Abstand zahlreiche Schleimbälle. Das eigentliche Leuchtorgan sitzt in einem Schwanzfortsatz der Larve und strahlt auf die Schleimbälle, die das Licht reflektieren und dadurch an eine glitzernde Perlenkette erinnern. Die Beutetiere fühlen sich vom Licht angezogen, bleiben an den klebrigen Fäden hängen und werden wie ein Fisch an einer Angelschnur eingeholt.
In der Tiefsee mit ihrem geringen Lichteinfall sind leuchtende Köder ebenfalls keine Seltenheit. So verfügt der mit dem Seeteufel verwandte Laternenangler über ein Leuchtorgan an der Spitze des vordersten Rückenflossenstrahls, der sich von der restlichen Rückenflosse getrennt hat und weiter nach vorne auf die Stirn des Fisches gewandert ist. Dank eines Miniatur-Kugelgelenks am unteren Ende des Rückenflossenstrahl kann der Leuchtköder in jede gewünschte Richtung geschwenkt werden. Die leuchtende Spitze erinnert manchmal nur an eine einfache Schwellung oder ist mit Kräuseln und appetitanregenden Fädchen verziert. Sie

ist mit einer pigmentfreien Hautschicht überzogen, durch die das biologische Leuchtmittel hindurchscheinen kann und kleinere Raubfische anlockt, die sich dem Fischmaul auf Zuschnapp-Distanz nähern.
Das Licht wird nicht vom Fisch selbst erzeugt, sondern von in Symbiose lebenden Bakterien, die in bestimmten Kammern des Leuchtköders leben. Diese Bakterien beginnen zu glühen, wenn sauerstoffreiches Blut in die Kammern gepumpt wird. In Ruhestellung schaltet der Fisch dieses Organ einfach ab, indem er die Blutzufuhr drosselt.
Eine Art der Tiefseeangler lebt in einer Tiefe von etwa 365 m am Meeresboden und besitzt ein verzweigtes Leuchtorgan am Gaumen, während eine andere Spezies ihre Beute mit Hilfe von zwei leuchtenden Gewebestücken ins Maul lockt, die etwa 30 Minuten glühen können. Eine weitere Art verfügt über Leuchtorgane auf der Zunge.
Die schuppigen Drachenfische der Tiefsee besitzen Kinnbarteln, mit denen sie Beutetiere in die Nähe ihres Mauls locken. Eine dieser Spezies trägt eine Bartel, die etwa zehnmal so lang ist wie der Fisch selbst und darüber hinaus noch über eine leuchtende Spitze verfügt.
Die Viperfische zeigen ein ähnliches Verhalten wie die Laternenangler. Sie besitzen einen stark verlängerten zweiten Rückenflossenstrahl mit einer leuchtenden Spitze, die als Köder dient. Der Raubfisch schwebt regungslos im Wasser; dabei liegt der Schwanz höher als der Kopf, über dem der Rückenflossenstrahl nun frei vor dem Maul baumelt. Diese Fische wirken mit ihren enormen Mäulern und gigantischen Zähnen besonders furchterregend – aber sie sind glücklicherweise nur 5–30 cm lang.

Raffinierte Fangnetze

Die bekannteste und wahrscheinlich schönste Falle im Tierreich ist das Radnetz bestimmter Spinnenarten. Das Design dieser Netze ist bemerkenswert genau und das verwendete Material von außergewöhnlicher Belastbarkeit. Wenn man ein Stahlseil und einen gleichstarken Spinnenfaden langsam mit Gewichten beschweren könnte, dann würde der Stahl zuerst reißen, da der Spinnenfaden fünfmal stärker ist und darüber hinaus wesentlich dehnbarer. Der Spinnenfaden kann auf die doppelte Länge eines gleichlangen Nylonfaden gedehnt werden und steht in großen Mengen zur Verfügung: Im Labor produzierte eine Spinne innerhalb von 10 Minuten einen 800 m langen Faden, und für ein herkömmliches Radnetz benötigt sie – je nach Wind und Wetter – etwa eine halbe Stunde.
Für das Netz legt die Spinne zunächst einen einzelnen, horizontalen Brückenfaden an, läßt sich dann von der Mitte des Fadens senkrecht nach unten fallen und stabilisiert das Ganze mit Radialspeichen, die sie an mehreren Stellen mit der umgebenden Vegetation verbindet. Als nächstes legt sie von der zentralen Nabe des Netzes ausgehend eine enge Spirale an, hinter der die eigentliche Fangzone beginnt, die ebenfalls aus spiralförmig angelegten Fäden besteht. In einer speziellen Drüse produziert die Spinne kleine Klebstofftröpfchen, die sie in regelmäßigen Abständen auf den Fäden verschmiert.
Dabei ist die von den Tröpfchen ausgehende geringe Lichtreflexion von besonderer Wichtigkeit; legt die Spinne zu viele oder zu große Tröpfchen an, wird zuviel Licht reflektiert, so daß die Beute-Insekten die Falle erkennen und umfliegen können. Daher sollte ein Spinnennetz möglichst wenig Licht widerspiegeln, und die idealen Tröpfchen sind gerade doppelt so dick wie der Faden selbst. Dagegen dürfen Spinnen, die Nachtfalter jagen, weniger sorgfältig arbeiten; in der Dunkelheit sind die Tröpfchen nicht zu sehen und können deshalb auch größer ausfallen. Aus diesem Grunde fangen Spinnen nachts auch Motten, die einer am Tage jagenden Spezies entkommen würden, da Schmetterlinge bei einem weniger klebrigen Netz ihre Flügelschuppen einfach abstoßen und fliehen können.
Für Spinnen mit großen Netzen stellt sich ein weiteres Problem: Wie können sie verhindern, daß große Tiere wie etwa Vögel in ihre Fallen geraten und sie zerreißen? Das Netz muß also für Insekten unsichtbar, für Vögel aber deutlich sichtbar sein. Manche Spinnen lösen diese Aufgabe, indem sie quer über ihr Netz einen erheblich dickeren Faden spinnen, das sogenannte »Stabiliment«, das wie ein Straßenschild vor einem Hindernis warnt. Verschiedene Vögel wurden dabei beobachtet, wie sie auf ein solches Spinnennetz zusteuerten, kurz vor-

her abbremsten und über das Netz hinwegflogen. Dank dieses Warnsignals muß die Spinne ihr Netz nicht jeden Tag neu spinnen.

Eine andere Spezies der Webspinnen befestigt ihr Netz an ihren Beinen. Am Tag hängt sie als Zweig getarnt in einem Baum, aber während der Nacht spinnt sie ein A-förmiges Seidengewebe, an dem sie selbst hängt, und fertigt ein briefmarkengroßes Netz, das sie mit ihren vorderen vier Beinen hält. Anschließend legt sie sich auf die Lauer und schwebt, mit ihren hinteren vier Beinen verankert, frei über dem Boden. Sobald unter ihr ein Beutetier entlangläuft, läßt sie sich herabfallen, wirft ihr Netz über das Opfer und hält es damit am Boden gefangen. Dann injiziert sie mit Hilfe eines Bisses tödliches Gift in ihre Beute und saugt sie in aller Ruhe aus.

Die Bola-Spinne bedient sich einer anderen Technik. Auch sie hängt von einem Faden herab, produziert aber nur einen einzelnen Faden, der von der Spitze eines ihrer Beinchen herabbaumelt. Am Ende des Fadens befindet sich ein klebriges Bällchen, das einen Duft absondert, der den Sexuallockstoffen einer weiblichen Motte ähnelt. Mottenmännchen auf der Suche nach einem Weibchen werden von diesem Duft angezogen und tappen in die Leimfalle. Der Faden ist so stabil und zugleich so elastisch, daß er das Gewicht und die Kraft der kämpfenden Motte problemlos abfängt (er läßt sich auf seine sechsfache Länge ausdehnen); der Klebstoff weist eine enorme Haftkraft auf, die der Mensch – nach Ansicht von Wissenschaftlern – wohl kaum künstlich reproduzieren könnte. Die gefangene Beute wird eingeholt und in einen Kokon eingesponnen. Da die Spinne während einer Nacht bis zu 8 Motten fangen kann, verpackt sie sie sorgfältig, um sie später in Ruhe zu fressen.

Der Schmutzgeier ist besonders geschickt im Umgang mit Steinen. Hier wirft er sie auf ein großes, hartes Straußenei, um es aufzubrechen und an das nahrhafte Eigelb zu gelangen.

Zielgenaue Schüsse

Nur wenige Tiere sind wie der Schützenfisch in der Lage, ein Projektil auf ihre Beute zu schleudern. Diese von Indien bis Nordaustralien vertretene Fischart lebt sowohl in Süßwasser- als auch in Salz- oder Brackwassertümpeln – vorzugsweise in den Mangrovensümpfen – und ernährt sich von Insekten, die sie durch einen Spuckstrahl von ihrem Platz auf einen überhängenden Zweig oder Blatt herunterschießt.

Schützenfische haben im Laufe der Zeit besondere Mundmerkmale entwickelt, die ihnen das Spucken von Wassertröpfchen über einen beliebigen Abstand ermöglichen: In ihrem Gaumen verläuft eine Rinne, gegen die sich die umgewandelte Zunge pressen kann, um mit ihr eine Röhre zu bilden, dem Lauf einer Wasserpistole vergleichbar. Im Moment des Abschusses drückt der Fisch die Zunge gegen den Gaumen, schließt die Kiemen und spuckt mit der Zungenspitze kleine Wassertropfen auf seine Beute. Ein ausgewachsener Schützenfisch kann ein über der Wasseroberfläche schwebendes oder sitzendes Insekt selbst noch aus 1,5 m Entfernung gezielt »abschießen«.

Auch die Speispinnen spucken, wie der Name bereits vermuten läßt. Blitzschnell spuckt die Spinne aus 2 cm Entfernung einen klebrigen Ball auf ihr Opfer, das dadurch am Boden oder einem anderen Untergrund festklebt. Zu den bevorzugten Beutetieren dieser Spinnen zählen Nachtfalter und andere Spinnen, die sie mit einem gezielten Spuckschuß am eigenen Netz festkleben, während sie um gefährliche Insekten wie Wespen, Bienen und Ameisen einen weiten Bogen machen.

Ameisenlöwen werfen kleine Steine oder zumindest Sandkörnchen. Bei diesen Tieren handelt es sich um die Larven der Ameisenjungfern, die eng mit den Florfliegen und anderen Netzflüglern verwandt sind und in warmen, sandigen Gebieten ihre Trichter graben.

Dieser Trichter wird sorgfältig angelegt: Dazu bewegt sich der Ameisenlöwe rückwärts im Kreis (wobei er eine immer engere Spirale zieht), schaufelt sich den Sand auf den Kopf und wirft ihn zur Seite, bis der Trichter fertiggestellt ist. Er kann bei tropischen Arten einen Durchmesser von ungefähr 10 cm aufweisen und eine Tiefe bis 50 cm.

Nun vergräbt sich der Ameisenlöwe im Trichtergrund – nur seine enormen Saugzangen ragen heraus – und wartet auf seine Beute, z. B. eine Ameise oder ein anderes kleines Insekt. Da die Wände des Trichters sehr steil und mit feinem Sand bedeckt sind, der weniger Halt bietet als grober Sand, haben die Beutetiere große Schwierigkeiten, aus dem Trichter herauszuklettern. Falls ihnen die Flucht allerdings doch zu gelingen scheint, bewirft sie der Ameisenlöwe mit Sand, damit sie wieder in den Trichtergrund fallen. Dort schnappt er sich das Opfer, durchbohrt es und saugt es aus.

Aber der wahrscheinlich bekannteste Steinwerfer ist der Schmutzgeier, der Straußeneier mit kleinen Steinen bewirft. Dabei trifft er jedoch nicht immer und benötigt zahlreiche Versuche, bis die Eierschale zerbricht. Dieses Verhalten leitet sich möglicherweise von einer angeborenen Verhaltensweise des Geiers ab, der plündernd in Pelikan- und Flamingokolonien eindringt, sich die Eier schnappt und sie auf den Boden wirft, so daß sie aufplatzen. Bei den großen Straußeneiern greift der Geier zu einer naheliegenden Technik und bewirft sie mit eiförmigen (statt zerklüfteten) Steinen. Dieses Verhalten wird offenbar nicht erlernt, sondern im Laufe der Jahre von jedem einzelnen Tier durch Probieren entwickelt. Einige junge Geier wurden dabei beobachtet, wie sie mehr als 70 Steine warfen und dann frustriert aufgaben. Dagegen gelingt es manchen reiferen Geiern, ihre Fähigkeiten zu trainieren und es vielleicht

Ein Ameisenlöwe lauert am Boden seiner speziell konstruierten sandigen Fallgrube und schnappt mit seinen kräftigen Mandibeln (greiferartigen Oberkiefern) nach einer Ameise, die in die Grube gefallen ist und nicht mehr herauskommt.

einem Geier gleichzutun, der von 64 Versuchen 38 direkte Treffer verbuchen konnte. Man nimmt an, daß der Schmutzgeier das Werfen von Steinen erst in dem Moment aus seinem angeborenen Verhalten – dem Herabwerfen von Eiern kleinerer Vogelarten – weiterentwickelte, als er vergeblich versuchte, sich mit einem großen Straußenei in die Lüfte zu erheben. Um das Ei zu öffnen, mußte er es mit Steinen bewerfen.

Der australische Schwarzhalsbussard scheint diese Technik bei Emu-Eiern anzuwenden. Aborigines berichten, daß die Bussarde diese großen Laufvögel von ihren Nestern verjagen und ihre Eier anschließend mit Steinen bewerfen.

Die Mungos gehen dagegen nach einer anderen Methode vor: Sie werfen die Eier gegen einen Felsen. Ichneumone oder Afrikanische Mungos, die von den alten Ägyptern als heilig verehrt wurden, ergreifen ein Ei mit den Vorderpfoten und schmeißen es zwischen den Hinterbeinen hindurch gegen einen großen Stein oder Felsen, der als Amboß dient. Auch Drosseln verwenden einen Amboß zum Öffnen von Schneckenhäusern, während Raben und Bartgeier Knochen aus großer Höhe auf einen harten, felsigen Untergrund aufschlagen lassen, um an das Knochenmark zu gelangen, und Möwen erbeutete Schalentiere auf Felsen werfen, um sie zu öffnen.

Der Wanderfalke attackiert andere Vögel in der Luft, wobei er die Beute schon von weitem entdeckt und verfolgt. Dann fliegt der Wanderfalke über sein Opfer und stößt im Angriff darauf herab. Er kann seine Beute in den Hinterkopf schlagen, wenn er sie mitten in der Luft packt und zu Boden zwingt, oder sie auf einer Klippe oder Baumkrone schnappen. Mit dem starken, gebogenen Schnabel wird das Fleisch von den Knochen gerissen. Am liebsten schlägt der Wanderfalke Ringeltauben, aber seine Beute reicht von Wintergoldhähnchen bis hin zu Reihern.

Wie alle Raubkatzen besitzt der Leopard vergrößerte Eckzähne (Fangzähne), die er in das Genick seines Opfers schlagen kann, um ihm die Wirbelsäule zu brechen oder es durch einen tödlichen Biß in die Kehle zu ersticken.

Die bedrohlichen Zähne des Sandhais fallen regelmäßig aus und werden ständig durch neue Zähne ersetzt, die in Reihen nachwachsen.

Im Gegensatz zu den meisten anderen Raubkatzen kann der Gepard seine Krallen nicht vollständig einziehen. Statt dessen dienen sie als eine Art Spikes, die diesem Meistersprinter zu einer besseren Bodenhaftung verhelfen.

Die scharfen, gebogenen Klauen des Rotschwanzbussards sind typisch für einen Greifvogel. Das Opfer wird mit den Klauen getötet und mit dem Schnabel zerrissen.

Der Dornenkronen-Seestern frißt die Korallen das Great Barrier Reef und wandert dabei auf Hunderten von kleinen Saugfüßen langsam das Riff entlang.

Wie ein römischer Gladiator hängt die Wurfnetzspinne kopfüber und wartet auf ein unter ihr vorbeiziehendes Insekt. Wenn ein Opfer vorbeikommt, spannt die Spinne ihr Netz auf und wirft es über die Beute.

Diese erstaunliche Spinne – eine der australischen Bola-Spinnen – schwingt einen klebrigen Tropfen an einem seidenen Faden. Männliche Motten werden von einem Sexuallockstoff im Köder angezogen und flattern heran. Die dadurch verursachten Vibrationen lassen die Spinne den Köder wie eine Bola schwingen, und die Motten bleiben am klebrigen Sekret hängen.

Einige Radnetzspinnen weben riesige Netze, die von Vögeln beschädigt werden können. Um das zu verhindern, webt die Spinne einen speziellen Zick-Zack-Faden ein, Stabiliment genannt. Dies geschieht normalerweise nur bei Netzen, die auch tagsüber hängen; Spinnen ohne diese Warnmethode reißen ihre Netze meist in der Morgendämmerung ein und erneuern sie beim Einbrechen der Dunkelheit.

Die Geier- oder Schnappschildkröte liegt bewegungslos am Boden eines Sees oder Flusses. Sie hat ihr Maul weit geöffnet und täuscht auf ihrem Mundboden eine wurmartige Bewegung vor (oben). Dadurch werden kleine Fische, die die Aussicht auf eine Wurm-Mahlzeit reizt, angelockt. Die Schildkröte muß nur noch ihr Maul schließen (unten).

Der Schützenfisch lebt in den Mangrovensümpfen von Indien bis Nordaustralien und fängt seine Beute – Insekten auf Zweigen – indem er sie anspuckt. Die Brechung des Lichts gleicht der Fisch dadurch aus, daß er direkt unter sein Opfer schwimmt. Auf eine Entfernung bis zu 1,5 m ist der Schützenfisch sehr treffsicher. Insekten am Wasserrand fängt er allerdings, indem er einfach aus dem Wasser springt.

Auf den Galapagos-Inseln nahe der ecuadorianischen Küste gibt es keine Spechte. Aber einer der berühmten Darwinfinken hat diese ökologische Nische besetzt. Dieser Spechtfink sucht unter Rinden und in weichem, morschem Holz nach großen Insekten. Mit Hilfe eines Zweigs oder Kaktusstachels fängt er auch schwierig zu erreichende Beute.

Glockenreiher breiten ihre Flügel wie einen Regenschirm oder Sonnenschutz über ihren Kopf. Ob die Vögel durch dieses ungewöhnliche Verhalten ihre Augen beschatten, um so ihre Beute unter der Wasseroberfläche besser sehen zu können, oder ob sie ein schattiges Plätzchen erzeugen wollen, unter dem sich Fische verstecken sollen, ist bis heute nicht geklärt.

Amerikanische Mangrovereiher verfügen über eine eigene Angelmethode: Sie werfen passende Köder aus Zweigen, Brotkrumen oder ähnlichem ins Wasser und warten auf Fische, die an die Oberfläche steigen. Einige Vögel wurden sogar dabei beobachtet, wie sie die Köder in eine bestimmte Form und Größe zupften.

Die Ortung der Beute

Raubtiere benötigen zum Aufspüren ihrer Beute feine Sinnesorgane. Da sich die Beutetiere vor ihren Jägern verstecken oder vor ihnen fliehen, müssen die Raubtiere ihnen immer einen Schritt in der Entwicklung der Sinne voraus sein, wenn sie an eine Mahlzeit gelangen wollen. Auf diese Weise entwickelt sich ein biologisches Wettrüsten: Eine Unzahl von Sinneseindrücken und Reizen muß empfangen und ausgewertet werden – Geräusche, optische Eindrücke, Gerüche, Berührungen, Vibrationen, Bewegungen, Elektrizität und Magnetismus – und Raubtiere nutzen die ganze Vielfalt.

Viele Beutetiere sind mobil, unstet und bewegen sich so schnell, daß der Jäger imstande sein muß, sie mit einem Minimum an Aufwand zu finden und zu erlegen. Nur durch die Entwicklung eines hochspezialisierten Systems von Sinnesorganen können Raubtiere die Energie reduzieren, die sie für das Fangen und Fressen benötigen.

Ihre Sinnesorgane müssen auch auf größere Entfernungen funktionieren, und viele Raubtiere besitzen die Fähigkeit, ihre Beute schon von weitem zu entdecken und zu orten. Sie können winzige Bewegungen und Veränderungen in der Stellung ihrer Beute wahrnehmen, die häufig so minimal sind, daß sie sich den menschlichen Sinnen entziehen.

Jäger werden häufig von einem vorgefertigten Bild ihrer Beute geführt, dem sogenannten »Schlüsselreiz«: Bestimmte Charakteristika eines Beutetiers bewirken bei ihnen eine automatische Verhaltensreaktion und sind teilweise auch der Auslöser für die eigentliche Jagd. Allerdings müssen diese Reize nicht immer dieselben sein: Tüpfelhyänen beispielsweise können an einem Tag Gnus und am nächsten Tage Zebras jagen. Andere Auslöser dagegen sind besonders eng begrenzt: Der Rotkopf-Löwenaffe liebt Gespenstheuschrecken, aber erkennt sie nur an ihren Köpfen und Beinen. Wenn diese Körperteile entfernt werden, bleibt das Insekt unbeachtet – nicht zuletzt deshalb pressen die Heuschrecken ihre Gliedmaßen immer eng an den Köper.

Adleraugen

Wie der Mensch gehören auch die Vögel zu den visuell geprägten Wesen, und die Jäger unter ihnen benutzen ihre Augen, um an ihre Beute zu gelangen. Greifvögel besitzen besonders große Augen, die im Verhältnis zum Gehirn wesentlich größer sind als bei Säugetieren. So-

Dieses junge Rundschwanzsperberweibchen aus Cape May, New Jersey, besitzt die typischen großen, nach vorne gerichteten Augen eines Raubvogels.

VOGELPERSPEKTIVE

Die Netzhaut eines Greifvogels ist mit vielen »Zapfen« ausgestattet, lichtempfindlichen Zellen, die nicht nur Farben sehen, sondern auch eine größere optische Genauigkeit vermitteln. Man geht davon aus, daß ein Greifvogel drei- oder viermal so scharf sieht wie ein Mensch. Das auffälligste Merkmal eines Greifvogelgesichts ist die Ausrichtung der Augen: Sie blicken nach vorn, so daß der Vogel stereoskopisch oder binokular sehen kann und so in der Lage ist, seine Beute nicht nur zu sichten, sondern auch ihren exakten Standpunkt zu bestimmen. Das Auge eines Adlers sitzt fest in der Augenhöhle; daher ist es ihm nicht möglich, nach oben und unten zu blicken, ohne seinen Kopf zu bewegen.

Eulen haben sich einen Schritt weiter entwickelt: Ihre Augen füllen den gesamten verfügbaren Raum im Kopf und sind röhrenförmig. Und statt ihrer Augen dreht die Eule den ganzen Kopf - und das um nahezu 360 Grad, was sehr komisch wirken kann. So ist auch das seltsame Schaukeln mit dem Kopf zu erklären: Dieses Verhalten zeigt eine Eule immer dann, wenn sie etwas auf Entfernung gesichtet hat und versucht, es durch die Hin-Her- und Auf-Ab-Bewegungen ihres Kopfes genau zu lokalisieren. Adler können ihren Kopf sogar von oben nach unten verdrehen

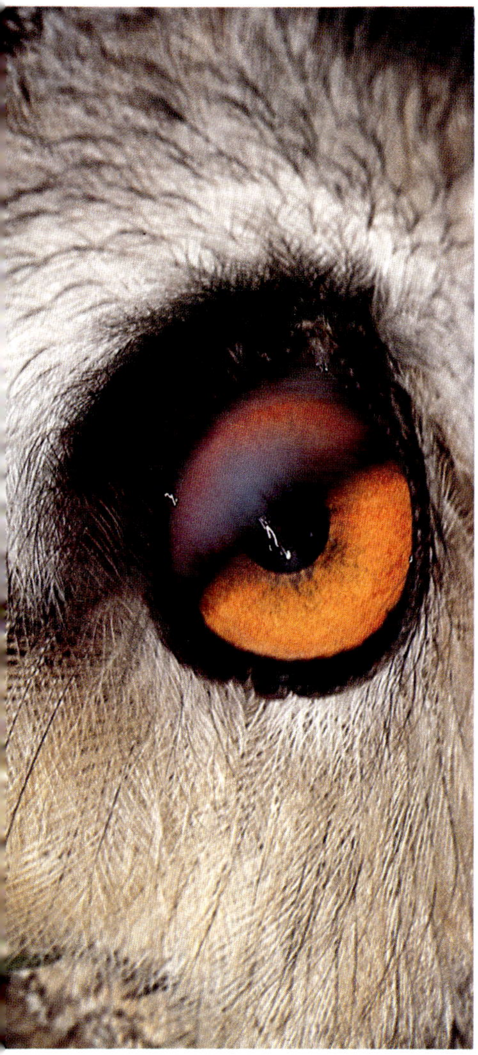

Das röhrenförmige Auge einer Waldohreule nimmt so viel Raum in der Augenhöhle ein, daß es die Eule nicht bewegen kann. Sie ist nur durch eine Drehung des Kopfes in der Lage, ihre Blickrichtung zu ändern.

gar die kleineren Habichtarten besitzen bessere Augen als der Mensch. Sie erfassen nicht nur ein wesentlich weiteres Bildfeld, sondern sehen darüber hinaus auch noch ein deutlich größeres Feld scharf, denn die durchsichtige Hornhaut an der Vorderseite ihrer Augen ist flach – im Gegensatz zur gekrümmten Hornhaut des Menschen, die nur ein begrenztes, scharfes Blickfeld zuläßt. Auf der Rückseite des Auges liegt die lichtempfindliche Retina oder Netzhaut, die mit Lichtsinneszellen bedeckt ist. Von diesen sogenannten Stäbchen oder Zapfen besitzt der Mensch etwa 200000 pro mm^2, aber selbst der kleine Sperling schon doppelt so viele – etwa 400000 pro mm^2. Beim Habicht dagegen liegt die Dichte dieser Zellen bei 1000000 pro mm^2; sein Bild von der Welt ist so gestochen scharf, daß wir Menschen davon nur träumen können.

Ein weiterer Vorteil des Habicht-, Adler- oder Falkenauges ist die Fovea (oder zentrale Netzhautvertiefung), von der Greifvögel pro Auge gleich zwei Stück besitzen. Bei der Fovea handelt es sich um den Punkt der höchsten Sehschärfe, da dort die Dichte der Zapfen am größten ist. Dadurch können Greifvögel etwa achtmal schärfer sehen als der Mensch; sie können bei der Jagd die Entfernungen exakt einschätzen, was für einen Vogel wie den Wanderfalken lebenswichtig ist, der mit über 150 km/h auf sein Opfer zurast.

Dank solcher Augen sind Greifvögel hervorragende Jäger und zu ausgesprochenen Höchstleistungen fähig. Man hat in Versuchen herausgefunden, daß der Turmfalke eine Maus noch in 1,6 km Höhe entdecken kann. Und ein Kampfadler – einer der größten afrikanischen Adler – wurde einmal dabei beobachtet, wie er sich von einem Hügel aus in die Lüfte erhob, weil er in über 6 km Entfernung ein Perlhuhn gesehen hatte; der Adler verfolgte es, stieß dann herab und trug es davon. Ohne Fernglas wäre ein Mensch nur bis zu 1 km Entfernung in der Lage, dieses Perlhuhn überhaupt zu entdecken.

Auch Vogelarten wie der Eisvogel, die im Wasser nach Beute tauchen, besitzen zwei Foveas: Auf diese Weise können sie ihre Augen auf das Sehen über und unter Wasser einstellen. Da sich Lichtwellen über und unter Wasser unterschiedlich verhalten (wenn man einen Stock ins Wasser stellt, erscheint er gebrochen), wäre dieses Phänomen für einen Vogel von größtem Nachteil, der mit hoher Geschwindigkeit ins Wasser eintaucht, um einen kleinen, dünnen, gut getarnten Fisch zu fangen. Um dies auszugleichen, verfügt der Eisvogel über eine zweite, eine »Unterwasser«-Fovea, die ihm beim Eintritt ins Wasser eine erfolgreiche Jagd ermöglicht.

Bei den Säugetieren ist das Äquivalent für das hochentwickelte optische System der Vögel bekannt als der sogenannte »optische Streifen«. Löwen und andere Raubkatzen besitzen keine zentrale Fovea wie der Mensch, sondern ein breites horizontales Band voll hochempfindlicher Lichtsinneszellen. Dadurch ist die horizontale optische Genauigkeit ihrer Augen besonders weit entwickelt, wodurch sie in der Lage sind, die Positionen und Bewegungen ihrer auf dem Boden lebenden Beutetiere besser auszumachen. Diese Raubtiere müssen sich ja auch nicht auf die Ereignisse über oder unter ihnen konzentrieren, sondern nur genau sehen können, was vor ihnen geschieht. Beim Gepard ist dieses Sehen besonders extrem ausgebildet; er verfügt über einen sehr schmalen Streifen von Lichtsinneszellen und kann so seine Beute klar vor dem Horizont ausmachen.

Zu den kleineren Tieren mit besonders gut entwickelten Augen gehören die Gottesanbeterin, der Fangschreckenkrebs und das Chamäleon. Jede dieser Tierarten verfügt über die Fähigkeit, ihre Augen unabhängig voneinander in alle Richtungen zu drehen. Aber wenn eine Beute ausgemacht ist, folgen beide Augen dem Ziel, und dieser stereoskopische Blick erhöht die Chancen auf eine erfolgreiche Jagd.

Bei einigen Tieren ist eine gute Sicht bei der Jagd unbedingt notwendig, aber sie benötigen kein vollständiges oder detailliertes Bild dazu. Ein Meerengel liegt so lange ruhig auf dem Meeresboden, bis die Bewegungen eines vorbeischwimmenden Fisches ihn dazu bringen, sich wie ein furchterregendes Monster zu erheben und seine Beute mit seinem enormen Maul völlig zu verschlucken. Auch Frösche, Kröten und tagaktive Schlangen reagieren ausschließlich auf Bewegungen: Solange eine Schnecke regungslos verharrt, wird eine Kröte sie ignorieren – auch in ihrer unmittelbaren Nähe. Aber bei der kleinsten Bewergung packt die Kröte die Schnecke und verschluckt sie. Die Pfeilnatter verfolgt einen Frosch im Schilfgras und ahmt jede seiner Richtungsänderungen nach. Wenn der

Frosch verharrt, wartet auch die Schlange; wenn er sich bewegt, folgt sie ihm, bis sie ihn erreichen und die fliehende Beute packen kann.
Einige Schlangenarten verlassen sich bei der Jagd auf »Lichtwellen«, die ein Mensch nur fühlen, nicht aber sehen kann. Grubenottern und Klapperschlangen beispielsweise besitzen ein Grubenorgan in ihrer Nase, dessen Membranen empfindlich auf Infrarotstrahlen oder Hitze reagieren. Sie sind in der Lage, auch kleinste Temperaturwechsel (nur 0,005 °C) zu registrieren. Daher kann eine Klapperschlange auch in völliger Dunkelheit die Anwesenheit einer Maus wahrnehmen, sobald sich das unglückliche Tier in einem Bereich von 15 cm vor

Eisvögel besitzen Augen, mit denen sie unter und über der Wasseroberfläche sehen. Der Vogel beobachtet die Fische von einem Pfahl aus oder fliegt über das Wasser und stößt in einem Winkel von etwa 45° hinein. Im Moment des Eintauchens schließt sich eine Nickhaut und schützt das Auge.

dem Maul der Schlange aufhält. Boas und Pythonschlangen besitzen ähnliche Wärmerezeptoren auf ihren Lippen.

Geruch

Reptilien wie Schlangen oder Echsen »schmecken« im allgemeinen die Luft auf der Suche nach Beutetieren: Die durch den Wind transportierten Duftstoffe bleiben auf ihren feuchten Zungen hängen und werden gegen das Jacobsonsche Organ gepreßt, ein im Munddach gelegenes Sinnesorgan, das mit Riechepithelzellen ausgestattet ist. Warane, Skorpions-Krustenechsen und Rennechsen verfügen über lange, gespaltene Zungen und besitzen daher einen besser entwickelten Geruchssinn als ihre breitzüngigen Verwandten. Der riesige, 3 m lange Komodowaran Indonesiens verläßt sich bei der Jagd nach kleinen Hirschen, Wildschweinen und Wildziegen ausschließlich auf seinen präzisen Geruchssinn. Er liegt versteckt in Büschen oder im Unterholz auf der Lauer und züngelt so lange mit seiner Zunge vor und zurück, bis der verräterische Geruch von Beute heranweht. Diese enormen Tiere werden bis 165 kg schwer und wirken recht ungelenk, sind aber überraschend schnell und jederzeit in der Lage, ein unvorsichtiges Opfer zu überrumpeln. Einige Warane verfolgen trächtige Ziegen und warten in Ruhe, bis das Muttertier geworfen hat; dann stürmen sie heran, packen das Neugeborene und zerreißen es in mundgerechte Bissen.

Aber wesentlich häufiger werden Komodowarane unwiderstehlich vom Aasgeruch angezogen; dieses verlockende Geruchssignal eines verfaulenden Kadavers lockt jeden Waran, der sich in Riechweite befindet. Andere Aasfresser wie die Altweltgeier verlassen sich bei der Suche nach Aas nicht, wie ursprünglich angenommen, auf ihre Nase, sondern auf die Augen. Wenn ein Geier fündig wird, ist seine Landung das Zeichen für alle anderen Geier der Umgebung, und schon kurze Zeit später hat sich ein großer, lautstark zankender Haufen gebildet.

Der riesenhafte Komodowaran, die größte Echse der Welt, verläßt sich bei der Nahrungssuche auf seinen Geruchssinn: Er »schmeckt« mit seiner Zunge die Luft.

Einige der Neuweltgeier dagegen benutzen ihren Geruchssinn und sind daher in der Lage, ihre Beute auch an unzugänglichen Orten (in Wäldern etwa) zu entdecken, wo sie einen Kadaver aus der Luft nicht wahrnehmen könnten. Der Truthahngeier, der eher einem Storch als einem Greifvogel ähnelt, soll über einen ausgeprägten Geruchssinn verfügen – was ihn zum besten Freund des Königsgeiers macht: Diese Geierart scheint nämlich keinen Geruchssinn zu besitzen und verläßt sich statt dessen auf die Aufregung, die entsteht, wenn Truthahngeier und andere Aasfresser auf einen Kadaver stoßen.

Der beste »Schnüffler« der Vogelwelt ist der neuseeländische Kiwi. Er ist nachtaktiv, flugunfähig, besitzt einen langen, biegsamen Schnabel und ein fellähnliches Gefieder und wirkt in jeder Hinsicht wie ein Säugetier. Tatsächlich wird dieser Vogel häufig als Säugetier »ehrenhalber« beschrieben, dessen Rolle dem des europäischen Igels gleicht. Er ernährt sich durch Herumschnüffeln im Waldboden, wobei er Regenwürmer und andere Wirbellose im Boden riecht und herauspickt.

Tastsinn

Gründelnde Enten und herumstochernde Regenpfeifer benutzen auf der Suche nach Nahrung ihren Tastsinn. Die Anzahl der Tastsinneszellen in den Schnabelspitzen dieser Vögel übertrifft sogar die Menge der Nervenenden einer menschlichen Fingerspitze. Dank dieses Tastsinnes können die meisten Watvögel Sand und Schlick blind durchsuchen. Säbelschnäbler bewegen ihren Schnabel wie eine Sense hin und her; dabei schnappen sie jedes kleine Wassertierchen, das sie berühren. Auch Löffler mit ihrem eigenartig geformten Schnabel ernähren sich auf diese Weise.

Spechte besitzen an ihrer Zungenspitze druckempfindliche Zellen, mit denen sie die Höhlen von Holzschädlingen und Insektenlarven durchsuchen. Sobald der saftige Leckerbissen gefunden ist, wird er von der mit Widerhaken versehenen Zunge des Vogels herausgezogen.

Der Scherenschnabel ist wohl derjenige Vogel, der sich bei der Nahrungssuche am weitesten auf seinen Tastsinn verläßt. Er ähnelt der Seeschwalbe, aber sein Schnabel erscheint auf den ersten Blick umgekehrt aufgesetzt zu sein, da der Unterschnabel länger ist als das obere Schnabelteil. Von vorn betrachtet ist der Schnabel sehr dünn und bietet daher nur minimalen Widerstand.

Der Scherenschnabel ernährt sich, indem er mit seinem Kopf sehr knapp über dem Wasser dahinfliegt. Dabei durchschneidet die Spitze des Unterschnabels die Wasseroberfläche, bis der Vogel einen Fisch berührt. In diesem Moment schließt sich der Schnabel, und der Kopf des Vogels geht nach unten; auf diese Weise wird der Fisch seitwärts zwischen den Scheren des Schnabels gefangen, und der Vogel kann ihn aus dem Wasser ziehen. Falls ein anderer Gegenstand – ein Stein beispielsweise – dem Vogel größeren Widerstand bietet, gibt der Kopf nach, und eine besondere Nackenmuskulatur federt den größten Teil des Aufpralls ab. Mit dieser Technik kann sich der Scherenschnabel ausschließlich in Lagunen, Seen und an den Ufern breiter Flüsse mit geringer Strömung ernähren. Das Wasser muß spiegelglatt sein; daher ist die Jagd meist auf die Morgen- oder Abenddämmerung und die Nacht beschränkt. Allerdings muß der Scherenschnabel zu diesen Tageszeiten keine Konkurrenz von anderen Vögeln fürchten.

Eine ruhige Wasseroberfläche dient auch als Jagdgebiet für Wasserläufer, Rückenschwimmer, Taumelkäfer und einige Krötenarten. All diese Tierarten sind in der Lage, Beute zu orten, die von der Oberflächenspannung des Wassers festgehalten wird, denn sie können die verräterischen kleinen Wellen wahrnehmen, die von den zappelnden Körpern ausgehen.

Auf dem Meeresgrund kriechen Seesterne und Seeigel über den Boden und benutzen ihren Tast- und Geruchssinn, um mögliche Beute auszumachen und zu untersuchen. Auf dem Grunde der Tiefsee leben leuchtendrote Garnelen mit außerordentlich langen Fühlern und Tiefseefische mit Kinnbarteln, die ihre Körperlänge um ein Vielfaches übertreffen; man nimmt an, daß sie sich mit Hilfe dieser Fortsätze im Dunkeln fortbewegen wie ein Blinder mit einem Stock und auf ähnliche Weise auch ihre Nahrung finden.

Im Dunkel einer Höhle ist das Sehvermögen so unerheblich, daß viele Höhlenwesen überhaupt keine Augen mehr besitzen: Man findet blinde Grillen, blinde Höhlenfische und sogar blinde Höhlensalamander, z.B. den Grottenolm. Einige dieser Tierarten folgen ihrem Geruchssinn, aber die meisten haben im Laufe der Zeit Körperteile weiterentwickelt, die ihnen einen verbesserten Tastsinn verleihen. In Höhlen lebende gefräßige Grillen und Ohrwürmer besitzen daher lange Fühler, ebenso wie die giftigen, dünnbeinigen Hundertfüßer und die bis 15 cm großen Höhlenspinnen.

Ihre auf der Erdoberfläche lebenden, Netze spinnenden Verwandten gehören ebenfalls zu den Spezies mit hochentwickeltem Tastsinn. Die Kreuzspinne versteckt sich an einer Seite ihres kreisförmigen Netzes hinter einem Blatt, legt eines ihrer Beine auf einen Signalfaden und wartet darauf, daß ihr ein fliegendes Insekt in die Falle geht. Wenn die Vibrationen zu stark sind, ignoriert sie sie und hofft, daß der Gigant sich aus ihrem Netz befreien kann und zu Boden fällt. Nur bei ganz bestimmten Bewegungen des Netzes kommt sie aus ihrem Versteck und lähmt ihre Beute mit einem einzigen giftigen Biß.

Spechte wie dieser Haarspecht aus Nord- und Mittelamerika besitzen eine lange, mit Widerhaken versehene Zunge, mit der sie Holzwürmer und andere Insekten aus Löchern in Baumstämmen aufspüren und hervorholen können.

Elektroschocks

Einige Jäger der Wildnis haben die elektrischen Funktionen ihrer Nerven und Muskeln weiterentwickelt, um ihre Beute zu orten oder ihre Opfer zu entkräften.

Eine Gruppe von Süßwasserfischen, die sogenannten Schwachstromfische, umgibt sich selbst mit einem elektrischen Feld, das sie je nach Bedarf an- oder abschalten. In trüben Gewässern benutzen sie dieses Feld zur Orientierung und Fortbewegung, ansonsten dient es zur Kommunikation sowie zur Untersuchung möglicher Nahrung. Die Schwachstromfische erzeugen ihr elektrisches Feld mit Hilfe bestimmter Organe, die sich aus Muskeln und Nerven weiterentwickelt haben. Der etwa 20 cm lange Rüsselmesseraal sowie der südafrikanische und südamerikanische Echte Messeraal tragen in der Schwanzregion ein solches elektrisches Organ.

Die elektrische Ortung ist relativ einfach bei Objekten, die im Wasser liegen und mit den Linien des elektrischen Feldes in Berührung kommen. Je nach Ausbildung seiner elektrischen Organe nimmt der Fisch dieses Objekt über seine am Körper verteilten Elektrorezeptoren wahr. Einige Arten verstärken dieses elektrische Bild noch durch die Ausbildung zusätzlicher Richtungssysteme: Messeraale etwa biegen ihren Körper um den Gegenstand, den sie untersuchen; Rüsselmesseraale dagegen schwimmen immer vor und zurück, tasten das Objekt elektrisch ab und erhöhen die Frequenz ihrer Stromschläge, um genauere Informationen zu erhalten. Die kleinen Schwachstromfische orten und fressen winzige Wasserinsektenlarven und Würmer, aber größere Exemplare greifen auch kleine Fische an.

Der Zitteraal wird bis 1,5 m lang und lebt in den Uferhöhlen südamerikanischer Flüsse. Mit Hilfe von elektrischen Feldern kann er sich im schlammigen Wasser orientieren und seine Beute finden.

Am anderen Ende der Stromskala finden wir die »Starkstrom«-Fische – den betäubenden Zitteraal des Amazonasgebiets, den afrikanischen Zitterwels und den eleganten Zitterrochen, der in den Küstenbereichen tropischer und subtropischer Meere heimisch ist. Diese Fische orten ihre Beute nicht nur mit Hilfe von Elektrizität, sondern geben auch solch enorme Stromstöße ab, daß sie mit einem Schlag einen Menschen außer Gefecht setzen können.

Der Zitterrochen war schon im antiken Griechenland bekannt, und sein griechischer Name »narke« ist der Ursprung unseres Wortes »Narkose«. Die Griechen hielten diesen Rochen für ein magisches Tier, das nicht nur seine Beute verzauberte, sondern auch jeden Fischer, der so unvorsichtig war, sich auf einen Kampf einzulassen. Man glaubte, daß ein Rochen im Entbindungsraum einer schwangeren Frau zu einer leichteren Geburt beiträgt.

Auch heute noch wird der Zitterrochen ebenso verehrt wie zu Sokrates' Zeiten. Bei einer Größe von über 2 m und einem Gewicht von über 90 kg erzeugt und sammelt der Schwarze Zitterrochen seine elektrische Energie in zwei großen umgebildeten Muskelpartien auf beiden Seiten seines flachen Körpers. Er kann Stromschläge bis 220 Volt erzeugen und damit sogar eine Glühbirne zum Leuchten bringen; allerdings gelingt dies nur mit den ersten Stromstößen, denn die elektrische Energie ist schnell verbraucht, und der Fisch muß sich ausruhen, um im wahrsten Sinne des Wortes seine Batterien neu aufzuladen.

Der Zitterwels lebt in Süßwasserrevieren; er wird bis 1 m lang und 20 kg schwer, und seine elektrischen Stöße können zwischen 350 und 450 Volt stark sein. Der bis 2,75 m lange Zitteraal (der eigentlich nicht zu den Aalen gehört, sondern mit den Weißfischen verwandt ist) kann sogar Spannungsstöße bis 550 Volt erzeugen – und das nicht nur einmal, sondern gleich mehrmals pro Minute und über einen beliebigen Zeitraum.

Akustische Systeme

Große Ohren sind ein Geschenk der Natur, das besonders der Fennek, der Wüstenfuchs und der Erdwolf nutzen, um verschwindend geringe Geräusche wie etwa das Kommen und Gehen der Termiten unter der Erde zu orten. Während der Nacht laufen die südafrikanischen Wüstenfüchse durch ihr Revier, um hin und wieder das Ohr auf den Boden zu pressen, mit dem sie das Scharren von Insekten erlauschen können. Termiten mögen sie ganz besonders gern, aber auch ein Skorpion oder eine Käferlarve wird zur Not nicht verschmäht. Sobald das

Termiten machen nicht viele Geräusche, aber dank seiner großen Ohren kann der Wüstenfuchs sie unter der Oberfläche krabbeln hören und gräbt sie dann einfach aus.

Raubtier auf Beute gestoßen ist, erfolgt ein Wirbel von Grabbewegungen, mit denen der Fuchs seine Abendmahlzeit ausgräbt. Da während der Trockenzeit allgemeine Beutetier-Knappheit herrscht, warnen ihn seine großen Ohren außerdem vor plündernden Löwen und Braunen Hyänen, denen er sonst selbst zum Opfer fallen würde.

Aber auch für andere nachtaktive Jäger sind Geräusche von großer Bedeutung. Eulen sind in der Lage, unvorstellbar geringe Geräusche wie das Rascheln einer Maus oder Wühlmaus im Erdreich zu erfassen. Allerdings besitzen diese Eulen keine großen Ohren – selbst die »Ohren« der Waldohreule haben keine spezielle Funktion. Statt dessen dient ihnen ihre gesamte Gesichtsfläche als Geräuschempfänger. Der herzförmige Gesichtsschleier (aus dicht beieinander stehenden Federn) der Schleiereule erinnert an einen Parabolspiegel, wie ihn Biologen in der Wildnis zum Auffangen weit entfernter Geräusche benutzen. Die auf das Gesicht auftreffenden Schallwellen werden zu jedem Ohr hin gebündelt, und während die nach vorne gerichteten Augen dem Vogel ein gutes räumliches Wahrnehmungsvermögen gewährleisten, ermöglicht die Gesichtsscheibe einen Stereoton-Empfang, mit dessen Hilfe die Eule die Quelle der Geräusche lokalisieren kann. Außerdem sind die Ohren leicht versetzt angeordnet, so daß die Eule Informationen sowohl über sich vertikal als auch horizontal bewegende Geräusche erhält. Das Ergebnis ist ein ausgesprochen präzise arbeitendes Beute-Ortungssystem, das auch in totaler Dunkelheit funktioniert.

Die Langohrfledermaus besitzt – wie der Name schon sagt – besonders große Ohren. Sie gehört zu einer Fledermausart, die ihre Beute durch die Geräusche von Körperbewegungen (Flügelschläge beispielsweise) ortet.

Fledermäuse bedienen sich bei ihrer nächtlichen Jagd eines anderen Systems. Sie erfassen nicht die von der Beute verursachten Geräusche, sondern produzieren ihre eigenen Ultraschall-Impulse und warten auf das Echo, das von der Beute oder einem Hindernis zurückgeworfen wird – ein als Echolot-Ortung bekanntes Verhalten.

Kleine insektenfressende Fledermäuse wie der Abendsegler fliegen ohne jegliche Hast hin und her und verhindern durch eine Frequenz von 5–20 Impulsen pro Sekunde, daß sie gegen ein Hindernis fliegen. Wenn sie ein Echo von etwas Eßbarem erhalten, steigt die Impulsrate auf etwa 50 pro Sekunde; wenn die Fledermaus unter ständigem Hin- und Herfliegen auf ihr Ziel zusteuert, benötigt sie noch detailliertere Informationen über Größe, Geschwindigkeit und Flugrichtung ihrer Beute und stößt deshalb Sonarlaute aus mit einer Frequenz von über 200 Impulsen pro Sekunde. Dank dieser Daten ist die Fledermaus in der Lage, in der Dunkelheit präzise Flugmanöver auszuführen.

Noch mehr Informationen erhält sie, wenn sie ihre Schallfrequenz verändert. Viele der kleinen Fledermausarten werden auch als »FM«-Fledermäuse bezeichnet (die Abkürzung steht für Frequenz-Modulation) und lassen ihre Sonarlaute am Ende jeweils nach unten gehen; dadurch erweitern sie das Frequenzband ihrer Signale und erzielen so genauere Informationen über den Standort ihres Ziels.

Die Große Hufeisennase hat noch eine andere Technik entwickelt: Sie gehört zu den Fledermausarten, die mit dem Doppler-Effekt arbeiten – ein Verfahren, das »Verkehrssündern« von Geschwindigkeitsübertretungen bekannt sein dürfte, da auch die Radarsysteme zur Verkehrsüberwachung sich dieser Technik bedienen. Dabei berechnet die Fledermaus nicht die Zeit, die der ausgesandte Ultraschallimpuls benötigt, um von einer Beute zurückzukommen, sondern vergleicht die Frequenz von Ausgangs- und Eingangssignal. Die Fledermaus kennt die Frequenz ihrer ausgehenden Impulse, aber die Frequenz des zurückgeworfenen Schalls unterscheidet sich ein wenig von der Ausgangsfrequenz, wenn sich die Beute in Richtung der Fledermaus bewegt – der sogenannte Doppler-Effekt. Mit anderen Worten: Falls sich das Ziel von der Fledermaus fortbewegt, liegt die Frequenz des zurückkehrenden Signals tiefer als das Ausgangssignal; kommt die Beute aber direkt auf den Jäger zu, steigt die Frequenz. Anhand der Differenz zwischen Ausgangssignal und Echo kann die Fledermaus die relative

Bewegung zwischen sich und der Beute errechnen – eine erstaunliche Fähigkeit für ein so kleines Tier.
Die Jagdtaktik dieser Fledermausarten fällt dann auch weniger hektisch aus als die anderer nachtaktiver Tiere: Sie bleiben an einem Ort, manchmal sogar an ihrem Schlafplatz, drehen den Kopf und sondieren ihre Umgebung wie ein Radargerät mit einer dichten Folge von Ultraschall-Impulsen. Entsteht ein Kontakt, erhebt sich die Fledermaus in die Lüfte, fängt die Beute und kehrt zu ihrem »Stützpunkt« zurück.
Einige Fledermausarten wie etwa die Zwergfledermaus nutzen je nach Situation eines der beiden Ortungssysteme. Diese in Mitteleuropa weit verbreitete Fledermaus kann man an lauen Sommerabenden beobachten, wie sie in relativ niedriger Flughöhe ihre Bahnen zieht. Bei Jagdbeginn benötigt die Zwergfledermaus Informationen über ein möglichst großes Gebiet und sondiert ihre Umgebung mit einem langen, niederfrequenten Signal, das sie mit Hilfe des Doppler-Effekts auswertet und so nähere Einzelheiten über Geschwindigkeit und Flugrichtung ihrer Beute erhält. Allerdings weiß sie nur wenig über die genaue Entfernung. Dazu schaltet sie dann zum »FM«-System um und sendet immer schneller Ultraschallimpulse, deren Frequenz am Ende nach unten gleitet, bis das anvisierte Insekt gefangen ist.
Fast alle kleinen Fledermausarten jagen mit Hilfe von Ultraschall (sehr hoch frequente Signale), aber es gibt auch einige Ausnahmen: Dazu zählen die sogenannten »Sammler« wie etwa eine nordamerikanische Art (*Antrozous*). Diese Fledermaus stößt keine eigenen Signale aus, sondern horcht das von der Beute produzierte Geräusch ab. Nachtfalter und andere Fluginsekten müssen sich vor dem Start »aufwärmen«, d.h. sie erhöhen die Temperatur ihrer Flugmuskulatur, um effizient fliegen zu können; diese Flügelvibrationen dienen der Fledermaus zur Ziel-Ortung.
Ein anderer Ausnahmefall lebt in den Regenwäldern Zentralamerikas. Diese Art (*Trachops*) verschmäht die vielfältige Insektenwelt zugunsten eines winzigen Frosches, der in Schlammpfützen lebt. Seine Paarungsrufe dienen der Fledermaus zur Ortung ihrer Lieblingsbeute. Dazu fliegt sie mit gewöhnlicher Ultraschall-Ortung durch den Regenwald; sobald sie den Ruf eines Frosches vernimmt, schaltet sie auf dessen Schallwellen mit niedrigerer Frequenz um, gleitet heran, packt die Beute mit dem Maul und fliegt nach Hause.

Tod durch Schallwellen

Auch Delphine und andere Zahnwalarten lokalisieren ihre Beute durch eine Echolot-Ortung, die ihnen scharfe »Echobilder« liefert. Es gibt aber auch Hinweise dafür, daß sie die Schallwellen sogar zum Töten ihrer Beute benutzen.
Da Delphine hochfrequente Signale auf ein Unterwasserziel ausstoßen und das zurückkehrende Signal analysieren, sind sie in der Lage, den genauen Standort der Beute und deren eventuelle Schwimmrichtung zu bestimmen. Außerdem können sie die unterschiedliche Stoffdichte, z.B. von Fettgewebe oder Knochen, feststellen und auch ermitteln, ob ein Ziel tot ist oder noch lebt. Falls es sich um eine lebende Beute handelt, betäuben oder töten sie diese mit Hilfe ihrer starken Peiltöne im Ultraschallbereich.
Diese Töne setzen sich meistens aus Klick- oder Schnalzlauten bzw. einer Salve von Schnalzlauten zusammen und entstehen in einem komplizierten Röhrensystem am Ende der Nasenhöhle, durch das Luft hin- und hergepreßt wird. Die Töne passieren eine fetthaltige, wulstige, melonenartige Gewebeschicht in der Stirn des Tiers und werden dort zu einem dichten Ultraschallton gebündelt. Das zurückkehrende Echo wird von den Zähnen des Oberkiefers aufgefangen und über den Kiefer zum Gehirn weitergeleitet. Mit Hilfe dieses Systems kann ein erfahrener Delphin noch in 113 m Entfernung eine Mandarine von einer kleinen Metallkugel unterscheiden. Bei Laborforschungen haben Delphine unglaublich kraftvolle Töne erzeugt, die fast an die Schallgrenze heranreichten – noch ein wenig lauter, und sie hätten sich in Hitze verwandelt. Mit einer solchen Waffe sind Delphine hervorragend für die Jagd gerüstet.
Zunächst lokalisieren sie mit Hilfe der Echolot-Ortung den Standort eines Fisch- oder Tintenfischschwarms; dann bestrahlen sie die Beute mit hochfrequenten Ultraschalltönen. So

Kurz vor dem Angriff legt sich eine schützende Nickhaut über das Auge des Blauhais.

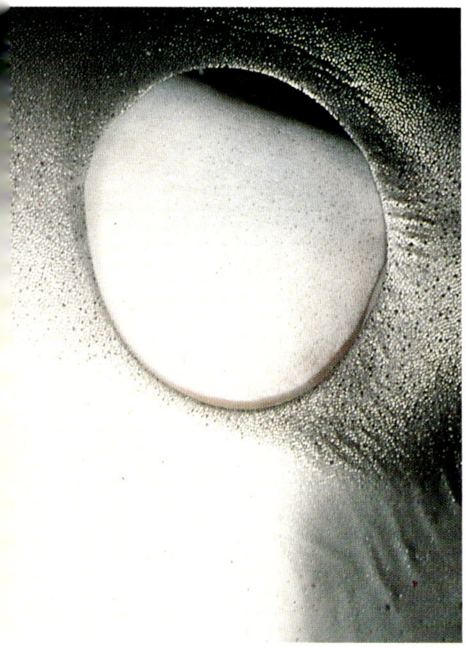

wurden Weißstreifendelphine dabei beobachtet, wie sie eine Anschovis-Schule umzingelten, sie mit Tönen beschossen, anschließend durch die betäubten Fische schwammen und sie in aller Ruhe auffraßen. In der Nähe von Vancouver beobachtete man bei Schwertwalen ein ähnliches Verhalten: Ein großer Lachs schwamm deutlich sichtbar dicht bei einem Schiff, als sich eine Herde Schwertwale näherte und der Lachs plötzlich auf der Stelle verharrte. Einer der Wale schaufelte den Lachs mit dem Maul auf und schwamm davon. War der Lachs durch Schallwellen zum Stehen gebracht worden? Es wäre durchaus denkbar, da auch andere Verwandte der Delphine ein ähnliches Verhalten zeigen, was die Vermutung zuläßt, daß es sich hierbei um ein tatsächliches Tötungsmittel und nicht um Spekulation handelt.

Der größte Zahnwal ist der Pottwal, der sich durch einen massigen Körper in den Dimensionen eines Omnibusses und durch ein großes fetthaltiges Gewebe in seiner Stirn namens Walrat oder auch Spermacet auszeichnet. Wie die Delphine erzeugen Pottwale Schnalzlaute zur Echolot-Ortung und jagen bevorzugt in der Tiefsee. Zu ihrer Lieblingsbeute zählen die Riesenkalmare – die größten Weichtiere der Erde, die bis 21 m lang werden (von der Tentakelspitze bis zum Körper gemessen) und bisher nur selten lebendig gesichtet wurden. Die meisten Riesenkalmare wurden entweder tot an Land gespült oder in Teilen im Magen eines von einem Walfischfänger aufgebrachten Pottwals entdeckt.

Erstaunlicherweise fing man auch einige Wale mit Unterkiefer-Deformationen, in deren Mägen sich dennoch Teile von Riesenkalmaren fanden. Man geht davon aus, daß die Riesenkalmare mit gewaltigen Mengen Ultraschalltönen beschossen und damit gelähmt wurden, so daß der Wal ihr Körpergewebe in Ruhe aufschlürfen konnte. Verschiedene Test haben ergeben, daß Tintenfische tatsächlich durch hochfrequente Schallwellen getötet werden können. Meeresbiologen berichten, daß die mit Hilfe eines Unterwasser-Mikrophons belauschten Pottwale bei der Jagd sehr laute, geschützartige Tonfolgen produzierten, von denen die Biologen annehmen, daß es sich um eine tödliche Schallwaffe handelt. Allerdings zeugen die enormen, untertassengroßen Narben von Saugnäpfen auf den Köpfen einiger Pottwale von gewaltigen Riesenkalmaren, die der Lärmbombardierung nicht erlagen und sich wehrten.

Der ultimative Jäger

Haie sind im Gegensatz zur landläufigen Meinung keineswegs primitiv. Die heute bekannten 250 Arten sind das Ergebnis einer 350 Millionen Jahre dauernden Evolution, die einige der raffiniertesten Jagdsysteme der Welt zur Perfektion entwickelte. Makrelenhaie (Weißer Hai, Mako, Heringshai), Hammerhaie und die treffend als Menschenhaie bezeichneten Arten wie der berüchtigte Blauhai, der Weißspitzenhai sowie die Riffhaie gehören wahrscheinlich zu den besten »Tötungsmaschinen« der Erde; und das Aufspüren und Fangen der Beute wird ihnen von einem ausgeklügelten Sensorensystem erleichtert.

Den ersten Hinweis erhält der Hai durch das Geräusch eines zappelnden Fisches. Niederfrequente Töne (bis 40 Hz) können im Wasser sehr weite Distanzen zurücklegen und bis zu 1,6 km weit entfernte Haie anziehen. Ab einem Abstand von 400 m ist der Hai in der Lage, Blut oder Körperflüssigkeiten im Wasser wahrzunehmen, und folgt dieser Geruchsspur. Dabei durchquert er das Wasser in einem Zickzack-Kurs, um die stärkste Geruchskonzentration zu finden, die ihn dann zu seiner Beute führt. Diese Raubfische sind in der Lage, einen einzigen Teil Thunfisch-Extrakt in 25 Millionen Teilen Wasser zu riechen; diese Menge entspricht etwa 10 Tropfen Extrakt in einem durchschnittlich großen Swimmingpool.

Ab einer Distanz von etwa 100 m bezieht der Hai Informationen von seinem Seitenlinienorgan, druckempfindliche Kanäle an seinen Flanken. Diese mit Flüssigkeit gefüllten Sensoren sind mit winzigen Härchen ausgestattet, die auf Vibrationen, Druckveränderungen und Bewegungen reagieren, so daß der Hai die Anwesenheit und den Standort seiner im Wasser schwimmenden Beute fast »fühlen« kann. Außerdem ist er mit diesem Sinnesorgan imstande, kleinste Veränderungen der Wasserströmungen an seinen Flanken festzustellen. Anhand dieser Informationen und der Hinweise, die ihm sein Geruchssinn liefert, kann der Hai sein Ziel sehr genau lokalisieren.

Ab etwa 23 m erkennt der Hai die Umrisse und Bewegungen seiner Beute, die er auch in fast völliger Dunkelheit in Farbe wahrnimmt: Seine Augen sind in der Dämmerung zehnmal empfindlicher als das menschliche Auge und können zwischen Blau, Blaugrün und Gelb unterscheiden. Wenn diese Raubfische aber ihrer Beute in rasendem Tempo an die Wasseroberfläche folgen – beispielsweise ein Weißer Hai, der einen See-Elefanten jagt – schalten sie dieses Dämmerlicht-System ab und sehen ganz normal bei Tageslicht.

Vor dem eigentlichen Angriff werden die Augen geschützt. Bei einigen Haifischarten schiebt sich eine Membran über die Augäpfel, und bei anderen Haien, etwa dem Weißen Hai, verschwinden die Augen in der schützenden Augenhöhle. Nun schwimmt der Jäger zwar blind, bedient sich dafür aber eines weiteren bemerkenswerten Sinnesorgans, mit dem er elektrische Schwingungen feststellen kann. Diese Elektro-Rezeptoren befinden sich in gallertgefüllten Gruben im Bereich des Mauls und registrieren winzige elektrische Impulse, wie sie etwa von der Muskeltätigkeit eines schlagenden Herzens oder der Kiemenbewegungen des Beutetiers ausgehen. Die Rezeptoren reagieren so empfindlich auf das die Beute umgebende elektrische Feld, daß der Hai eine Veränderung von einem hundertmillionstel Volt pro Zentimeter wahrnimmt – das entspricht dem elektrischen Feld, das eine Blitzlichtbatterie zwischen zwei 1600 Kilometer entfernten Elektroden aufbaut.

Der Graue Riffhai gehört zu den sogenannten »Menschenhaien«. Er wird etwa 2,5 m groß und kann für Menschen gefährlich sein. Wie alle Haie benutzt er verschiedene Sinne, um seine Beute zu orten und zu fangen.

Der Hammerhai mit seinem seltsam T-förmigen Kopf nutzt dieses System noch intensiver. Bei ihm befinden sich die Elektro-Rezeptoren quer über den Kopf verteilt, so daß er ein breiteres Gebiet sondieren und Beutetiere – z.B. im Sand vergrabene Plattfische oder Rochen – genauer orten kann.

Und als ob das alles nicht schon genug wäre, besagt eine These, daß Haie die Kraftströme des Magnetfeldes der Erde wahrnehmen können, so daß sich ein wandernder Weißer Hai beispielsweise immer wieder zur rechten Zeit am rechten Ort einfindet, um seine Beute zu jagen.

Das Große Mausohr ist mit einer Spannweite bis 45 cm eine der größten Fledermäuse Europas. Ihre Lieblingsbeute sind am Boden lebende Insekten wie Grillen und Schwarzkäfer.

◄◄

Die Schleiereule besitzt ein abgeflachtes Gesicht, das Geräusche bündelt und an die Ohren weiterleitet. So kann sie auch das kleinste Rascheln wahrnehmen.

▼

Klapperschlangen besitzen oberhalb ihres Mauls kleine höhlenartige Öffnungen, mit denen sie die Wärmestrahlung ihrer warmblütigen Beute wahrnehmen.

◄

Die Gottesanbeterin hat große Augen, die diesem gefräßigen Räuber eine besonders scharfe Sicht ermöglichen. In Erwartung ihrer Beute ruht sie wie mit zum Gebet gefalteten Armen. Wenn sich ein Insekt nähert, dreht die Gottesanbeterin langsam ihren Kopf und Oberkörper in Richtung des Zieles. Dann schießen plötzlich die dünnen Fangbeine vor und packen die Beute.

▶

Der Rüsselmesseraal orientiert sich im trüben Wasser, indem er sich mit einem schwachen elektrischen Feld umgibt. Auf diese Weise kann er Hindernisse, andere Artgenossen oder Beutetiere aufspüren, die das Feld unterbrechen.

▶▶

Der flugunfähige Kiwi Neuseelands nutzt die gleiche ökologische Nische, die in Europa vom Igel besetzt ist. Mit seinem langen Schnabel durchstöbert er den Erdboden und findet seine Beute durch einen hochentwickelten Geruchssinn.

▼

Dieser Seestern bedient sich seines Geruchs- und Tastsinns, um eine Jacobsmuschel zu orten, deren Schalen er dann mit Hilfe seiner Saugfüße auseinanderzieht. Die Muschel wird dagegen versuchen, durch schnelles Zusammenklappen der Schalen und den dadurch erzeugten Rückstoß-Antrieb zu fliehen.

Geschwindigkeit

Nachdem das Opfer geortet und aufgespürt ist und die Sinnesorgane ihre Aufgabe erfüllt haben, ist die Phase des Beobachtens und Wartens vorbei. Alles oder Nichts – der Moment, wo der Räuber entscheidet, ob er einen Angriff startet. Und wenn er sich entschieden hat, muß er schneller sein als der Gejagte. Bei Raubtieren, die plötzlich angreifen, auf der Lauer liegen oder Fallen stellen, zeigt sich hohe Geschwindigkeit beispielsweise in speziell entwickelten Gliedmaßen, einer teleskopartigen Zunge oder weit dehnbaren Kiefern. Da die Geschwindigkeit von Bewegungen nur schwer einzuschätzen oder aufzuzeichnen ist, konnte erst die moderne Technik viele Mythen widerlegen und Beweise dafür erbringen, daß das Tempo der schnellsten Raubtiere zu Lande, zu Wasser und in der Luft wesentlich geringer ist, als man früher annahm.

Dennoch gibt es einige wirklich blitzschnelle Jäger: Das schnellste Landraubtier ist zweifellos der Gepard; der Wanderfalke gilt als der schnellste Vogel; bei den Walen und Delphinen nimmt der Schwertwal diese Position ein; das schnellste bekannte Landreptil ist die nordamerikanische Sechsstreifen-Rennechse, und bei den Fischen liefern sich die Fächerfische mit dem Blauen Marlin und die Thunfische mit dem Wahoo ein Kopf-an-Kopf-Rennen. Aber die schnellsten Bewegungen der Natur zeigen Seeanemonen oder Quallen beim Abfeuern ihrer Nesselkapseln (s. S. 116/117).

Die schnellsten Sprinter

Der Gepard scheint mit seinem kleinen Kopf und den langen Läufen für hohe Geschwindigkeiten geradezu geschaffen zu sein. Außerdem trägt er kein Gramm zusätzliches Gewicht mit sich, besitzt eine erstaunlich geschmeidige Wirbelsäule und – im Verhältnis zum Körper – den kleinsten Kopf aller Katzen. Dieses schnellste Landraubtier kann innerhalb von 3 Sekunden von Null auf 72 km/h beschleunigen und erreicht eine Spitzengeschwindigkeit von 97 km/h. Allerdings besitzt er kaum Ausdauer. Daher darf die Jagd nur von kurzer Dauer sein. Nur in der Hälfte aller Angriffe ist der Gepard erfolgreich, wobei eine durchschnittliche Verfolgungsjagd über eine Distanz von 170 m geht und etwa 20 Sekunden dauert. Wenn der Jäger seine Beute zu diesem Zeitpunkt noch nicht eingeholt hat, gibt er auf.
Der Gepard unterscheidet sich von den anderen Raubkatzen auch dadurch, daß er am Tage auf die Jagd geht. Aber obwohl er sich dafür die kühlen Morgen- und Abendstunden aussucht, muß er gegen eine Überhitzung des Körpers ankämpfen. Denn in ihrer kräftigen Laufmuskulatur setzt die Raubkatze große Mengen Wärme frei, und bei einem Sprint von 180 m kann ihre Körpertemperatur auf 41°C ansteigen – eine Temperatur, die sich schädlich auf ihr Gehirn auswirken würde, falls sie dieses Tempo länger als 1 oder 2 Minuten durchhielte. Deshalb reagiert der Gepard auf folgende Weise: Entweder schlendert er gemächlich in Richtung der Beute und hält inne, sobald das Beutetier aufschaut, oder er schleicht sich heimlich an, bevor er sich in einem plötzlichen, raschen Angriff auf sein Opfer stürzt – meist eine Thompsongazelle. Bei etwa 45 m liegt die magische Grenze: Bis zu dieser Entfernung muß sich die Raubkatze der Gazelle nähern, ohne sie aufzuschrecken; dann hat der Gepard eine Chance und eröffnet die wilde, verwegene Jagd.
Zwar weicht die fliehende Beute geschickt in die eine und andere Richtung aus, aber der Gepard nimmt die Verfolgung in einer geraden Linie auf, wobei er ständig schneller wird. Er muß den Fluchtweg der Beute erahnen und ihr den Weg abschneiden. Diese Raubkatze kennt aber auch noch eine andere Jagdstrategie: Wenn das Beutetier langsamer ist als sie selbst, beginnt sie die Jagd mit einem geraden Sprint, folgt aber dann dem Zickzackkurs des Opfers, so daß sie zwar langsamer wird, dieses Tempo aber länger durchhalten kann. Der eigentliche Angriff erfolgt in einem letzten Kraftausbruch – der Gepard schlägt die Hinterläufe der Gazelle weg, stürzt sich rittlings auf den sich windenden Körper und erstickt sein Opfer durch einen kräftigen Biß in den Hals.

Der Gepard ist das schnellste Landtier über kurze Distanzen; allerdings kann er sein Tempo nicht über einen längeren Zeitraum aufrechterhalten. Wenn er die Beute nicht sofort erreicht, muß er aufgeben und sich ausruhen.

HOCHGESCHWINDIGKEITS-JÄGER

Die schnellsten Landraubtiere sind die Sprinter. Sie verfügen über leichte, dünne und geschmeidige Körper auf langen, kraftvollen Beinen, die perfekt für kurze Tempojagden, aber nicht für Ausdauerleistungen gebaut sind. Landraubtiere (von jagenden Spinnen bis hin zu großen Raubkatzen) ermüden schnell, so daß der endgültige Angriff oft den Höhepunkt des Zusammenspiels von heimlicher Verfolgung und Beobachtung darstellt. Aber im Moment der Attacke werden große Energien freigesetzt, die diese Tiere zu den schnellsten Wesen auf 2, 4, 6 oder 8 Beinen machen. In der Luft ermöglichen spezielle Flügel und eine kraftvolle Flugmuskulatur besonders hohe Geschwindigkeiten. Im Meer treiben dem Wasser angepaßte Gliedmaßen und hydrodynamische Flossen torpedoförmige Körper durch das relativ dichte Medium Wasser. Interessanterweise hat die Evolution bei vielen schnellen Raubtieren zu Lande und zu Wasser zur Ausbildung ähnlicher Flügel- und Flossenformen geführt: Die sichelförmigen Flügel der Mauersegler und Schwalben spiegeln sich in den Finnen der Haie und den Schwanzflossen der Delphine wider.

Erstaunlicherweise frißt der Gepard nicht sofort nach der Jagd, sondern wartet etwa 15 Minuten. Er ist so erschöpft und überhitzt, daß er sich hinsetzen, nach Luft schnappen und abkühlen muß. Dann aber schlingt er seine Mahlzeit hastig hinunter, da schließlich eine Reihe anderer Raubtiere ihm die Beute stehlen könnte. Denn der Gepard ist eine zierliche Raubkatze und kann sich gegen Leoparden, Hyänen und Löwen kaum zur Wehr setzen. Er soll sogar von Geiern von seiner Beute vertrieben worden sein.

In der Vogelwelt gibt es ebenfalls einen Sprinter: den Erdkuckuck, dessen amerikanischer Name »Roadrunner« sehr treffend ist. Dieser Vogel lebt in den dürren Wüstengebieten im Südwesten Nordamerikas und **kann** zwar fliegen, jagt seine Beute – Echsen, Schlangen und Wirbellose – aber bevorzugt zu Fuß, wobei er eine Geschwindigkeit von 42 km/h erreicht. Beim Laufen hält er den Kopf fast arrogant erhoben und rennt mit etwa 12 Schritten in der Sekunde über den Boden; seine leicht gespreizten Flügel dienen ihm als Stabilisatoren, während der Schwanz wie ein Ruder wirkt und es dem Erdkuckuck ermöglicht, selbst rechtwinklige Kurven ohne Verringern der Geschwindigkeit problemlos zu nehmen.

Auch schnellaufende Insekten sind für den Erdkuckuck eine leichte Beute. Solche Insektenarten nutzen ihre Geschwindigkeit aber manchmal nicht für die Flucht, sondern zur Jagd auf ihre Beute. Der Sandlaufkäfer zählt zu den flinksten Sechsbeinern. Er kann über kurze Distanzen sehr gut sprinten: 60 cm/s, das entspricht etwa 2 km/h. Dies mag zwar langsam erscheinen, aber der kleine, nur 15 mm lange Käfer legt dabei in der Sekunde eine Strecke zurück, die das Vierzigfache seiner eigenen Körperlänge beträgt. Ein Rennpferd müßte dazu eine Geschwindigkeit von 320 km/h erreichen. Der Sandlaufkäfer ist ein gieriger Räuber; mit seinen großen Augen und seinen spitzen Oberkiefergreifzangen jagt er seine Beute in weitem, sandigen Heideland, wobei er den Insekten – trotz seiner Flugfähigkeit – lieber hinterherläuft.

Unter seinem amerikanischen Namen »Roadrunner« wurde der Erdkuckuck der Mojave-Wüste als Trickfilmfigur weltberühmt. Seine Geschwindigkeit im Film entspricht der Wirklichkeit, wenn man das Tier bei seiner Jagd auf Echsen und Insekten am Wüstenboden beobachtet.

Die schnellsten bekannten Landwirbellosen besitzen sogar 8 Beine, obwohl sie nur 6 davon zum Laufen verwenden; es handelt sich hierbei um die Geißelspinnen, die eigentlich weniger mit den Spinnen, sondern vielmehr mit den Geißelskorpionen verwandt sind. Geißelspinnen gelten als ausgesprochen aggressive Raubtiere, die die von der Beute ausgehenden Schwingungen mit Hilfe von Rezeptoren am vierten Beinpaar wahrnehmen und während der Jagd eine Geschwindigkeit von etwa 16 km/h erreichen. Das gefangene Opfer zerquetschen sie dann mit den reißzahnähnlichen, kräftigen Pedipalpen. Ihr erstes Beinpaar ist stark verlängert und dient als »Fühler«.

Sturzflug aus großer Höhe

Der Wanderfalke liegt im Himmel auf Lauer; er verbirgt sich in den Wolken in etwa 1–2 km Höhe, bis er unter sich ein Ziel entdeckt hat. Dann klappt er seine Flügel ein und stürzt sich herab. Während dieses »Sturzflugs« erreicht er eine Geschwindigkeit von über 160 km/h – bei noch größeren Geschwindigkeiten würde er die Kontrolle verlieren – und wird damit zum schnellsten Lebewesen der Erde. Er nähert sich seiner Beute von schräg hinten und nutzt so den toten Winkel direkt hinter dem Kopf seiner Beute. Beim ersten Kontakt ergreift der Wanderfalke sein Opfer entweder mit seinen kräftigen, gelben Klauen, oder er stürzt sich

wild auf die Beute und bricht ihr mit einem Schlag das Genick, wobei die Federn nach allen Seiten stieben. Manchmal fängt er kleine Vögel und rupft und frißt sie ohne Zwischenlandung direkt in der Luft.
Auch Mauersegler und Schwalben besitzen hervorragende Flugeigenschaften: Dank ihrer aerodynamisch perfekten, sichelförmigen Schwingen sausen sie quer durch den Himmel und fangen Fluginsekten. Dabei zeigen die Mauersegler ein ähnliches Verhalten wie der Riesenhai: Sie fliegen mit weit geöffnetem Schnabel und sammeln so das »Plankton« der Luft.
Die Fluggeschwindigkeit von Insekten ist nur schwer einzuschätzen, aber blutsaugende Pferdebremsen wurden dabei beobachtet, wie sie ein Auto verfolgten und dabei 50 km/h erreichten – wahrscheinlich verwechselten sie das Fahrzeug mit einem großen warmblütigen Säugetier. Eine andere Fliegenart, die Dasselfliege (deren Larven in der Haut von Pferden und Rotwild leben), soll laut verschiedener älterer Aufzeichnungen sogar eine Geschwindigkeit von über 1200 km/h erreichen. Allerdings müßte sie für dieses Tempo astronomische Mengen an Nahrung zu sich nehmen (etwa das Eineinhalbfache ihres Körpergewichts pro Sekunde), um die benötigte Energie zu erlangen. Sehr viel wahrscheinlicher ist eine Geschwindigkeit von eher gemäßigten 48 km/h, was für ein solch kleines Insekt auch schon als Meisterleistung gelten darf.
Fluginsekten, die anderen fliegenden Insekten nachstellen, müssen in der Luft ebenfalls sehr

Der Wanderfalke ist angeblich das schnellste Tier der Welt. Mit leicht vom Körper abstehenden, gefalteten Flügeln stößt dieser Raubvogel mit einem Tempo von über 160 km/h auf sein Ziel herab – allerdings ist nur einer von 10 Angriffen erfolgreich.

schnell sein. Zu den schnellsten gehören wahrscheinlich die Libellen, die man die Falken der Insektenwelt nennen könnte und die Geschwindigkeiten bis 58 km/h erreichen. Tatsächlich werden die Edellibellen im Englischen auch als Falkenlibellen bezeichnet, die genau wie ihre Verwandten aus der Familie der Segellibellen große, scharfe Augen besitzen, mit denen sie ihre Beute noch aus 10 m Entfernung erspähen.
Edellibellen erbeuten ihre Opfer im Flug, während Segellibellen von ihrem Ruheplatz aus den Angriff starten. Beide fangen Insekten, die sich in ihr Revier verirrt haben, mit den Beinen. Dabei knicken sie den Brustabschnitt, an dem die Beine sitzen, schräg nach vorn oben ab, so daß die Beine einen nach vorn geöffneten stachligen Korb bilden, mit dem die Beute im Flug ergriffen wird. Anschließend bringen sie das Opfer zu ihrem bevorzugten Sitzplatz und fressen es. Das dabei entstehende, malmende Geräusch ist noch in mehreren Metern Entfernung zu hören. Von den größeren Beutetieren wie etwa Schmetterlingen (und manchmal auch kleineren Libellenarten) verspeisen die Libellen nur den Körper und werfen die Flügel und andere harte Chitinteile weg, während sie kleinere Opfer wie Mücken im Flug fangen und fressen, ohne irgendwo zu landen.
Auch Raubfliegen haben ein festumrissenes Revier und können aufgrund ihrer ausgezeichneten Sehschärfe und ihrer schnellen, geschickten Flugbewegungen andere Fluginsekten problemlos einholen, deren Körperflüssigkeit sie dann mit ihren scharfen, stechenden Mundwerkzeugen aussaugen.

Warme Muskeln, wacher Verstand

Einige Haifischarten besitzen warme Muskeln. So weist beispielsweise die kraftvolle Schwimmmuskulatur des Weißen Hais und seiner Verwandten, des Makos und des Heringshais, eine Temperatur auf, die um 7–10°C über der Temperatur des sie umgebenden Meerwassers liegt. Mit einem Temperaturanstieg um 10 °C steigt auch die Muskelkraft des Hais um das Dreifache – ein nützlicher Trick der Evolution, der den Räuber seiner Beute immer einen Schritt voraus sein läßt.

Diesen Vorsprung erzielt der Hai durch ein spezielles Blutzufuhrsystem in der Schwimmmuskulatur, das im Querschnitt an einen altmodischen Heizkörper erinnert und tatsächlich als Wärmeaustauscher dient. Im Prinzip wird verhindert, daß warmes Blut zu den Körperteilen gelangt, bei denen zuviel Wärme nach außen verlorenginge, z. B. bei den Kiemen.

Die ausgezeichnete Schwimmfähigkeit des Hais wird durch die bekannte Torpedoform seines Körpers und durch die Oberflächenstruktur seiner Haut zusätzlich verbessert. Seine Haut ist mit winzigen Hautzähnchen besetzt, auch Plakoidschuppen genannt, die ihn nicht nur schützen, sondern auch seinen Wasserwiderstand dadurch verringern, daß sie den Strömungswiderstand herabsetzen. Verschiedene Designer experimentieren bereits mit solchen winzigen Riefen, um beispielsweise die Aerodynamik von Flugzeugtragflächen zu verbessern. Man hat inzwischen festgestellt, daß diese Riefen zumindest den Treibstoffverbrauch senken können. Für den Menschen ist dies eine wichtige Entdeckung; Haie dagegen nutzen diesen Effekt bereits seit Jahrmillionen.

Der schnellste Hai ist der 3,7 m lange, mit warmen Muskeln ausgestattete Mako, der (am Angelhaken) mit bis zu 74 km/h Geschwindigkeit hoch aus dem Wasser schießt.

Auch Thunfische verfügen über eine warme Muskulatur und legen ihre Flossen in Vertiefungen entlang ihres Körpers, wenn sie mit hoher Geschwindigkeit schwimmen. Dadurch erzielen sie eine glatte, aerodynamische Kontur. Die schnellste Thunfischart ist der Wahoo, der auf kurzen Strecken bis 64 km/h erreicht, um so einem seiner Hauptfeinde, dem Schwertfisch, zu entkommen.

Der Schwertfisch ist ebenfalls ein sehr aktiver Untersee-Räuber, der seiner schnell schwimmenden Beute in einem kurzen, schnellen Kraftakt nachsetzt. Allerdings besitzt er statt warmer Muskeln einen »Heizthermostat« in seinem Kopf: Sein Gehirn, die Netzhaut des Auges und das Gewebe auf der Unterseite der Schädeldecke können eine Temperatur aufweisen, die um 14 °C wärmer ist als das ihn umgebende Meerwasser. Denn der Schwertfisch besitzt wie der Weiße Hai einen Wärmeaustausch-Mechanismus, der größere Wärmeverluste verhindert und das erwärmte Blut nicht zu den Muskeln, sondern direkt zum Gehirn leitet.

Bisher ist nur wenig über die Lebensweise des Schwertfisches bekannt. Man weiß lediglich, daß er sich hauptsächlich in Wassertiefen mit Dämmerlicht aufhält, am Tag sogar bis in 600 m Tiefe taucht und in der Nacht an die Wasseroberfläche zurückkehrt. Dabei schwimmt er nicht ununterbrochen, sondern nähert sich seiner Beute wie der Gepard als Pirschjäger und Sprinter. Da er immer wachsam sein muß, um jede sich bietende Gelegenheit zur Jagd ergreifen zu können, benötigt er auch schnell reagierende Sinnesorgane. Dies erreicht er dadurch, daß er seine Augen und sein Gehirn erwärmt, so daß er auch in den kalten, tiefen Wasserschichten Beute erspähen und verfolgen kann. Diese besondere Eigenschaft findet sich auch beim Weißen Marlin und dem Fächerfisch, der unter Hochseeanglern als der schnellste Meeresfisch bekannt ist.

Manchmal schwimmen der Schwertfisch und seine Verwandten so schnell, daß sie nicht mehr »bremsen« können und durch ein plötzliches Hindernis in große Schwierigkeiten geraten. So fand man in Walfischen und in den Planken von Holzschiffen abgebrochene »Schwerter« von Schwertfischen, die nicht mehr ausweichen konnten. In der offenen See kann der Schwertfisch problemlos über sein Ziel hinausschießen, aber am Boden jagende Räuber laufen nicht selten Gefahr, im Schlamm steckenzubleiben. Dagegen nähert sich der Forellenbarsch seiner Beute langsam, wobei ihn sein gutes Sehvermögen leitet, und stürzt sich dann im letzten Moment auf sein Opfer; allerdings kann er dabei einen eventuellen Richtungswechsel der Beute nicht berücksichtigen. Dennoch hütet er sich davor, über das eigentliche Ziel hinauszuschießen (falls sich seine Beute bewegen und er sie verpassen sollte) und leitet kurz vor dem Zusammentreffen mit der Beute schnelle Bremsbewegungen ein – als wolle er nicht mit seinem Opfer kollidieren.

Unterwasserjagd

Hohe Geschwindigkeiten im Wasser findet man nicht nur bei den Fischen. Einige Tierarten, die vor Jahrmillionen ins Meer zurückgekehrt sind – wie etwa Pinguine, Delphine und Wale – haben hervorragende Schwimmfähigkeiten entwickelt, um sich ihrer Beute rasch zu nähern. Das schnellste Meeressäugetier ist der Schwertwal, der bei der Jagd auf Zwergwale (die ihrerseits mit 48 km/h Geschwindigkeit fliehen) eine Schnelligkeit bis 64 km/h erreichen kann. Auch seine kleineren Verwandten, die Delphine, zeichnen sich durch ausgezeichnete Schwimmeigenschaften aus; so erreicht der Gewöhnliche Delphin – neben verschiedenen anderen Spezies – eine Geschwindigkeit von 44 km/h, die er allein durch das Auf- und Abschlagen der Schwanzflosse erzielt (im Gegensatz zur charakteristischen Seitenbewegung der Schwanzflosse bei Fischen).

Pinguine »fliegen« unter Wasser; ihre Flügel arbeiten wie Flossen, so daß sie mit etwa 16 km/h durch das Wasser schießen. Zur Steigerung der Geschwindigkeit bedienen sich sowohl Delphine als auch Pinguine einer bestimmten Technik: In regelmäßigen Abständen springen sie beim Vorwärtsschwimmen aus dem Wasser, um dann wieder einzutauchen. Denn ab einer bestimmten Geschwindigkeit, die von der Größe und der Körperform des Schwimmers abhängt, bildet die Druckwelle vor dem Kopf des Tiers einen solch großen Widerstand, daß es ökonomisch unsinnig wäre, mit großem Kraftaufwand dagegen anzuschwimmen. Stattdessen nutzen die Tiere ihre Energie, um aus dem Wasser zu schießen und in der Luft mit ihrem geringen Widerstand bequemer zu »reisen«. Dank dieses Verhaltens können Delphine und Pinguine bei gleichem Energieaufwand eine höhere Geschwindigkeit erreichen und weitere Strecken zurücklegen.

Durch ihren wellenförmigen »Schwimmstil« können sich Adeliepinguine besonders schnell fortbewegen. Da Luft eine geringere Dichte als Wasser besitzt, bringt ihnen ein ständiger Wechsel von einem Medium ins andere zusätzliche Geschwindigkeit.

Tiefseetaucher

Wenn die Jagddauer eines Meeresraubtiers durch die Luftmenge begrenzt ist, die es mit einem Atemzug aufnimmt, wird es für den Räuber außerordentlich wichtig, möglichst schnell zu seinem Ziel und sicher wieder zurück an die Wasseroberfläche zu gelangen. Diese Fähigkeit haben einige tieftauchende Meeresvögel, Meeressäugetiere und Meeresreptilien besonders weit entwickelt.

Seeschlangen jagen bevorzugt Aale, deren Form sie zu einer ausgesprochen passenden Nahrung für eine Schlange macht. Dazu tauchen die Seeschlangen bis 100 m tief und können bis 5 Stunden unter Wasser bleiben. Aber auch Seevögel sind gute Taucher: Im Lake Superior (Oberer See) in Nordamerika hat man einen Seetaucher in 61 m Tiefe bei der Jagd nach Beute beobachtet, und eine Lumme wurde in den dorschreichen Gewässern vor Neufundland in 73 m Tiefe entdeckt. In der Nordsee überraschte ein jagender Kormoran die Besatzung eines recht tief getauchten U-Boots.

Aber am tiefsten taucht die größte Pinguinart – der Kaiserpinguin der Antarktis. Er bleibt bis zu 18 Minuten unter Wasser und erreicht dabei eine Tiefe von mindestens 285 m. Der etwas kleinere Königspinguin der subantarktischen Küsten wurde bereits in 240 m Tiefe entdeckt, obwohl ihn nur etwa die Hälfte seiner Jagdausflüge in Tauchtiefen unter 50 m führt. In den nahrungsreichen Gewässern um den Südpol jagt er bevorzugt nach Kalmaren.

Diese jagenden Vögel, deren Nachwuchs an Land auf Futter wartet, verbringen regelmäßig etwa 4–8 Tage auf hoher See. Während dieser Zeit müssen sie pro Tag etwa 2,5 kg Nahrung für sich selbst und weitere 3 kg für ihr Küken finden, d.h. der Vogel muß bei jedem Fischzug etwa 50–90 Kalmare von jeweils 150–200 g Gewicht fangen. Das bedeutet aber bei durchschnittlich 865 Tauchvorgängen pro Ausflug, daß der Königspinguin noch nicht einmal bei jedem zehnten Versuch einen Kalmar fängt.

Pottwale bevorzugen noch größere Beutetiere: Riesenkalmare. Dazu müssen sie in Tiefen tauchen, die kein anderer Lungenatmer erreicht. Vor Südafrika wurde ein Wal dabei beobachtet, wie er 1 Stunde und 52 Minuten unter Wasser blieb; als man ihn fing, fand man in seinem Magen 2 Grauhaie, die nur auf dem Meeresboden leben. Die Seekarten verzeichneten an dieser Stelle eine Tiefe von 3193 m.

Man weiß noch nicht genau, warum die Wale so tief tauchen, vermutet aber, daß sie sich auf diese Weise eine Nahrungsquelle sichern, die außer ihnen nur wenige andere Tiere nutzen. Denn Robben, Seelöwen, kleinere Zahnwale, Delphine und verschiedene Schnellschwimmer unter den Fischen jagen Kalmare ausschließlich im Oberflächenwasser, während die Pottwale tief tauchen und so jede Konkurrenz vermeiden.

Mit Hilfe ihrer großen, kräftigen Schwanzflosse tauchen sie mit hoher Geschwindigkeit von etwa 170 m pro Minute. Die größten Tiefen und die längste Tauchzeit erzielen die Männchen; die Kühe verweilen in etwa 900 m Tiefe. Genauso schnell kehren sie zur Wasseroberfläche zurück, wobei sie die berüchtigte Taucherkrankheit mit Hilfe eines speziellen Atmungs- und Blutkreislaufsystems zu umgehen verstehen, das gewährleistet, daß sich während des Tauchens keine Luft im Blut befindet.

Außerdem vermutet man, daß der Walratspeicher in der Stirn des Wals neben seiner Funktion zum Bündeln von Geräuschen eine weitere Aufgabe besitzt. Dieses Organ ist von einem komplizierten Röhrensystem aus Blutgefäßen, Hohlräumen und Nasengängen durchzogen und mit einem speziellen Wachs gefüllt – dem Walrat oder Spermacet – das bei genau 29 °C schmilzt. Man nimmt an, daß der Wal dieses Wachs gezielt schmelzen oder erhärten lassen und so dessen Dichte verändern kann. Dadurch wird sein Körper stärker bzw. weniger tragend, und der Wal ist in der Lage, genau gesteuerte Tauchvorgänge durchzuführen.

Dieses System funktioniert nach folgendem Prinzip: An der Wasseroberfläche wird das Wachs durch zirkulierendes Meerwasser abgekühlt, wodurch es schrumpft und dichter wird und den Wal sinken läßt. Am Ende des Tauchvorgangs erzeugen die Muskeln des Wals Wärme, die über den Blutkreislauf zum Walratspeicher geleitet wird und dort das Wachs schmelzen läßt. Der Walkopf besitzt dann eine geringere Dichte als das Wasser und das Tier steigt

Der Tintenfisch kann die erstaunlichsten Farben annehmen, bevor er seine Beute fängt; offenbar wird die Garnele durch den ständigen Farbwechsel hypnotisiert. Dann schießen plötzlich 2 lange Tentakel aus dem Ring von 8 Armen hervor und ergreifen ihre Beute. Die Tentakel ziehen die Garnele in Richtung des papageienschnabelähnlichen Kiefers in der Mitte der Arme, und dieser dringt durch das Außenskelett der Garnele in den Körper und saugt das Fleisch heraus.

ohne große Mühe wieder an die Oberfläche. Selbst wenn der Wal von einer Jagd am Meeresboden auch noch so erschöpft sein sollte – eine sichere Rückkehr an die Wasseroberfläche ist ihm garantiert. Dies ist nach einem langen Streifzug oder einem anstrengenden Kampf mit einem Riesenkalmar besonders wichtig.

Aus der Hüfte geschossen

Kalmare, Tintenfische und Kraken sind ganz erstaunliche Kreaturen. Sie besitzen ein großes Gehirn, menschenähnliche Augen und zeigen ihre Stimmung für jeden sichtbar auf der Haut. Denn in der Haut der Kopffüßer befinden sich mehrere tausend elastischer Farbzellen, die innerhalb von Sekunden mit Pigment gefüllt bzw. wieder entleert werden können und Tintenfischen und Kalmaren dadurch zum schnellsten Farbwechsel im Tierreich verhelfen – eine vielgenutzte Jagdstrategie.

Tintenfische lieben Garnelen und Krabben, wobei sie sich ihrer Beute gut getarnt langsam nähern und dann plötzlich ein erstaunliches Verhalten zeigen. Der Tintenfisch reißt 2 seiner 8 Fangarme hoch und führt an seinem Körper ein phantastisches Farbenspiel vor – mit wechselnden Zebrastreifen, länglichen und querverlaufenden Mustern, Tupfen und Flecken – das das Krebstier zu hypnotisieren scheint: Ein solches Schauspiel hat es noch nicht gesehen. Dann schlägt der Tintenfisch plötzlich zu: 2 lange, mit Saugnäpfen versehene Tentakel schießen nach vorne, ergreifen die Beute und ziehen sie zur Mundöffnung, deren papageienschnabelähnliche Kiefer die Schale der Garnele zermalmen.

Der Körper des Gewöhnlichen Tintenfisches mißt etwa 40 cm, während seine Fangarme eine etwa eineinhalbfache Körperlänge aufweisen. Welch unglaubliche Kraft mag ein Riesenkalmar mit 6,1 m Körperlänge und 10,7 m langen Tentakeln besitzen? Ein solches, noch lebendes Tier wurde im Jahre 1878 in Thimble Tickle an den Strand gespült und gilt noch heute als der größte, wissenschaftlich verbürgte Riesenkalmar. Seine Augen wiesen einen

Durchmesser von 0,5 m auf, und die großen Saugnäpfe am Ende der Tentakel maßen 10 cm im Durchmesser – wahrlich ein Riese unter den Riesen.

Viele »Seeräuber« schleichen sich langsam und heimlich an ihre Beute an und schlagen dann plötzlich mit dem einen oder anderen Körperteil zu. Der Laternenangler mit seinem riesigen Maul verschluckt sein betrogenes Opfer im Nu und zeigt damit eine der schnellsten Bewegungen im Meer. Wenn ein Zackenbarsch sein Maul öffnet, ist der Wasserstrom so stark, daß bei größeren Exemplaren sogar schon Menschen angesaugt worden sein sollen. Einige Fischarten vergrößern ihre Chance auf eine erfolgreiche Jagd dadurch, daß ihre Kiefer weit nach vorne orientiert sind. Der Spinnenfisch erinnert an ein lebendiges Skelett und besitzt ein aus den Fugen geratenes Maul, das vorbeischwimmende Beute einfach einsaugt, während der Heringskönig mit seinem schwarzen, hellumrandeten Fleck auf den Flanken – den Fingermalen des Hl. Petrus – über vorstülpbare Kiefer verfügt, mit denen er die Beute im Bruchteil einer Sekunde packt.

Die Libelle zeichnet sich auch während ihrer »Jugendzeit« als hervorragender Jäger aus. Ihre Larve lebt im Wasser und zählt zu den gierigsten Räubern des Süßwassers. Auch bei ihr liegt das Geheimnis ihres Erfolgs – wie beim Heringskönig – in den Mundwerkzeugen: Sie besitzt eine Fangmaske, die aus Teilen der Mundwerkzeuge gebildet ist und scharnierartig unter dem Kopf eingeklappt wird. Das Ganze kann nach vorne in Richtung der Beute vorgeschnellt werden und dient so zum Fang von Kaulquappen bis hin zu kleinen Fischen.

Frösche und Kröten besitzen keine ausdehnbaren Kiefer, sondern nutzen ihre lange Zunge, die (im Gegensatz zur Zunge vieler anderer Lebewesen) nicht im hinteren Teil des Mauls, sondern vorne angebracht ist. In Ruhestellung ist die Oberseite der Zunge klebrig, während die Unterseite nicht klebt. Die Geschwindigkeit, mit der diese Tiere ihre Waffe einsetzen, ist

Das Chamäleon verändert seine Farbe, um sich seinem jeweiligen Hintergrund anzupassen; seine Augen können in jede Richtung sehen, richten sich aber gemeinsam auf ein mögliches Ziel. Die Zunge besitzt eine klebrige Keulenspitze; das Chamäleon schleudert die Zunge aus dem Maul, um seine Beute über einige Entfernung zu fangen, wozu es nicht mal einen Bruchteil einer Sekunde benötigt.

für das menschliche Auge nicht mehr wahrnehmbar und kann nur durch eine Hochgeschwindigkeitskamera sichtbar gemacht werden.
Der Frosch sitzt zunächst ganz ruhig und wartet darauf, daß sich ein Insekt in seiner Nähe niederläßt. Von der Bewegung der Beute gesteuert, öffnet der Lurch sein Maul und schleudert seine Zunge hervor, die sich dabei auf die doppelte Länge ausdehnt. Die klebrige Oberseite wird zur Unterseite und landet auf der Beute. Das Insekt klebt nun an der Zunge, die wie ein Gummiband zurück ins Maul schnappt. Von diesem Vorgang, der kaum eine fünfzehntel Sekunde dauert, nimmt der Mensch nur ein hörbares Schnalzen, das Verschwinden des Insekts und die Schluckbewegungen des Frosches wahr.
Aber die erstaunlichste Zunge besitzt das Chamäleon. Obwohl das Tier eher träge erscheint und sich nur gemächlich bewegt, ist es ein hervorragender Jäger. Mit seinen beiden türmchenförmigen Augen, die unabhängig voneinander bewegt werden können und einen Rundumblick ermöglichen, sucht das Chamäleon nach Beute. So schaut das linke Auge in die eine Richtung, während das andere vielleicht nach oben gerichtet ist. Aber sobald das Chamäleon eine potentielle Beute erblickt, drehen sich die Augen blitzschnell und fokussieren den Standort der Beute. Auf diese Weise erreicht das Tier eine stereoskopische Sicht, mit der es sein Ziel sehr genau fixieren kann. Vorsichtig und langsam öffnet das Chamäleon sein Maul (um das Opfer nicht zu verschrecken), und die rosafarbene Zunge mit der leicht verdickten Spitze erscheint. Im nächsten Augenblick ist die Beute verschwunden, und das Chamäleon kaut vergnüglich. Auch dieser Vorgang ist für unsere Augen zu schnell: Im Bruchteil einer Sekunde schießt die Zunge nach vorne und dehnt sich dabei auf die doppelte Körperlänge des Tiers aus. Die Beute bleibt am klebrigen Schleim auf der Zungenspitze kleben und verschwindet genauso schnell im Maul des Räubers. So präsentiert uns eine der langsamsten Kreaturen eine der schnellsten Bewegungen im Tierreich.

Die Zunge von Fröschen und Kröten ist im vorderen Teil des Mauls angebracht und kann auf Beute geschleudert werden, um diese mit der klebrigen Spitze einzufangen. Diese Kröte hat eine Käferlarve gefangen: die Aktion ist blitzschnell vorbei.

Der Gepard muß sich einer Gazelle unentdeckt bis auf 80 m nähern, bevor er seinen Angriff starten kann, der im Durchschnitt nach 290 m beendet ist. Ein schwaches Gazellenkitz wird ab 500 m gejagt und ist meist nach 190 m gefangen. Überhitzt und erschöpft, muß sich der Gepard erst ausruhen, bevor er fressen kann. In der Zwischenzeit versuchen Löwen, Leoparden oder Hyänen, ihm die Beute zu stehlen.

Diese Teufelsnadel aus der Familie der Edellibellen überwacht ihr Territorium, indem sie es ständig wie ein Falke überfliegt. Mit ihrer größeren Spannweite und einem längeren, dünneren Körper als bei Segellibellen können sich Edellibellen ihrer Beute mit einer Geschwindigkeit bis 30 km/h nähern.

Wenn sie unter Wasser Fische fangen, verlassen sich Kormorane auf ihre Geschwindigkeit und den Überraschungseffekt. Zur Fortbewegung benutzen sie dabei ihre Schwimmfüße. Diese Ohrenscharbe im Crystal River in Florida startet gerade zu einem Tauchgang.

Rauchschwalben und Mauersegler besitzen sichelförmige Flügel, die es ihnen ermöglichen, Insekten im Flug zu fangen. Sie landen nur selten und nehmen sogar Wasser im Flug auf.

Abwarten und zuschlagen

Geduld zahlt sich aus. Viele Räuber haben entdeckt, daß es viel ökonomischer ist, einfach zu warten, bis die Beute zu ihnen kommt, als ziellos hin und her zu streifen, wertvolle Energie zu vergeuden und die Hälfte der Zeit nichts zu fangen. Einige Tierarten verharren ruhig an einem Fleck; andere lassen sich treiben, mit oder ohne Ziel. Manche Räuber sind getarnt und werden nicht bemerkt; andere versuchen einfach, zur rechten Zeit am rechten Ort zu sein. Auch einige der einfachsten Vielzeller der Erde bevorzugen diese Strategie des Wartens, aber ihre Begegnung mit der Beute verläuft viel gezielter, als man annehmen sollte. Im Lauf von Millionen von Jahren haben sogar diese relativ einfachen Wesen die Kunst perfektioniert, Dinge geschehen zu lassen.

Und obwohl sich viele aktive Räuber bei der Jagd nach Beute schnell bewegen, gibt es auch für sie Zeiten, in denen es klüger ist, einfach abzuwarten und zu beobachten. Hechte beispielsweise verharren regungslos zwischen Wasserpflanzen und lauern kleinen vorbeiziehenden Fischen auf; der Puma hält sich hinter Felsen versteckt und wartet in Ruhe, bis sich ein Opfer nähert. Still zu sitzen, zu stehen oder zu liegen hat sich für diese Jäger als ausgezeichnetes Mittel erwiesen, um an ihre Beute zu gelangen.

Glitzernde Todesfallen

Seeanemonen sitzen bevorzugt auf Steinen, Pfählen, Einsiedlerkrebsen oder auf dem Meeresboden, um dort auf eine vorbeiziehende Beute zu warten. Diese einzeln lebenden Hohltiere mit einem weichen Körper und verdickter Körperwand sind zwar durch ihre breite Fußscheibe fest mit dem Untergrund verbunden und wirken auf den ersten Blick blind und taub, sind aber über ihre Umgebung erstaunlich gut informiert.

Im Gegensatz zur landläufigen Vorstellung warten sie nicht einfach, bis ein Opfer in sie hineinschwimmt, sondern können die sich nähernde Beute hören und riechen und sind so für den Angriff gewappnet. In Ruhestellung nimmt die Seeanemone nur hohe Frequenzen von etwa 55 Hz wahr. Die relativ kurzen Wimperhärchen auf ihren Tentakeln registrieren Schwingungen im Wasser und reagieren auf die Schwimmbewegungen von Fischen und anderen Meerestieren. Wenn etwa ein Exemplar ihrer Lieblings-Garnelenart vorbeikommt, nehmen die Chemorezeptoren der Seeanemone den Geruch der Beute wahr (tatsächlich sprechen sie auf die chitinähnlichen Zucker des Garnelenpanzers an), und die Tentakel beginnen sich auszudehnen, so daß sie auch Schwingungen bei 5 Hz wahrnehmen – der Frequenz der

Diese Seerose scheint einfach nur darauf zu warten, daß Beute in sie hineinstolpert. In Wirklichkeit kann sie die Vibrationen und den Geruch eines sich nähernden Opfers wahrnehmen und extrem schnell reagieren, wenn die Beute einen ihrer tödlichen Tentakel berührt.

ABWARTEN UND ZUSCHLAGEN

Einige Tiere erkennen und orten Ansammlungen von Beutetieren und lassen sich einfach mitten zwischen ihnen nieder. Hier können sie ohne große Mühe mit jedem Griff eine Mahlzeit fangen. Aber die dreisteste Jagdmethode ist die sogenannte »aggressive Mimikry«: Der Räuber ist weder getarnt, noch bedient er sich einer List, sondern er verhält sich harmlos oder gebärdet sich so, daß seine Beute keinen Verdacht schöpft. So schlendern Ratten manchmal gleichgültig auf ihre Beute zu, um dann im letzten Moment doch anzugreifen, oder Mohrenbussarde fliegen zusammen mit Geiern, in deren Deckung sie sich ihrer Beute nähern. Da die kleinen Beutetiere von den großen Aasfressern nichts zu befürchten haben, fliehen sie auch nicht. Der Bussard stößt dann aus seinem »Versteck« hervor und ergreift seine Beute. Der Trompetenfisch aus der Familie der Seenadeln nähert sich seiner Beute auf dem Rücken von Papageifischen. Da diese nur Korallen abweiden, werden sie von anderen Fischen des Riffs für harmlos gehalten und nicht weiter beachtet. Aber jeder kleine Fisch, der zu nahe kommt, erlebt eine böse Überraschung: Der Trompetenfisch gleitet herab und greift sich die Beute.

schwimmenden Garnele. Auf diese Weise ist die Seeanemone auf den Moment vorbereitet, in dem sie von ihrer Beute gestreift wird, und in der Lage, sofort zu handeln und die Garnele zu betäuben, bevor diese entfliehen kann.

Obwohl sich die Seeanemone langsam öffnet und ihr Tentakelkranz träge im Tidenhub oder in der Strömung schwingt, zeigt sie bei einer Berührung durch ihre Beute eine blitzschnelle Reaktion: Die Tentakel schlingen sich um das Opfer und ziehen es zur Mundöffnung, wo es im Magen verschwindet. Aber nach nicht einmal einer Minute entfaltet sich die Seeanemone wieder und ist für den nächsten Fang bereit – ein gefräßiges unterseeisches Raubtier, das auf den ersten Blick an eine elegante Unterwasserblume erinnert.

Tödliche Vorhänge

Quallen sind frei umhertreibende Verwandte der Seeanemone. Sie schweben durch den Ozean und warten auf Beute, die sich in den Fangarmen unter ihrer Glocke verfängt. Diese Tiere können gewaltige Ausmaße annehmen: Die Arktische Haarqualle lebt bevorzugt in den seichten Buchten des Nordatlantiks, und ein 1865 gefundenes Exemplar aus der Massachusetts Bay besaß einen Durchmesser von 2,29 m und Tentakel von 36,6 m Länge. Ihr tödlicher Vorhang deckte 457 m^2 ab. Eine andere Spezies – die Gelbe Haarqualle – erreicht einen Durchmesser bis 1 m und verfügt über gelbe, 15 m lange Tentakel. Von Zeit zu Zeit treiben diese Tiere in dichten, 800 m breiten Schwärmen auf die norwegische Küste zu. Sie inspirierten bereits Sir Arthur Conan Doyle, der das Nesselgift dieser Quallen in der Sherlock Holmes Geschichte »Adventures with the Lion's Mane« verwandte.

Aber im Gegensatz zu einigen anderen Quallenarten ist die Gelbe Haarqualle für den Men-

Die Gelbe Haarqualle treibt scheinbar passiv über das Great Barrier Reef. Aber ihre schwingenden Tentakel sind mit winzigen giftigen Harpunen bestückt und jederzeit bereit, vorbeischwimmende Fische zu fangen. Nur einige wenige Fischarten sind anscheinend immun gegen ihr Gift und suchen Schutz zwischen den Fangarmen.

schen weniger gefährlich. Große Schwärme von Leuchtquallen machen manchmal den Urlaubern am Mittelmeer das Leben schwer: Schwärme von über 100000 Tieren wurden an die Ferienstrände der griechischen Küste gespült, und 1987 waren die Strände Ägyptens durch eine glitschige Quallenschicht von 1 m Dicke und 1 km Länge völlig versperrt. Damals führte man dieses Phänomen sowohl auf die Umweltverschmutzung als auch auf den Rückgang der Seeschildkröten zurück, aber tatsächlich sind solche Quallenschwärme schon seit Jahrhunderten bekannt.

Der interessanteste Teil einer Qualle sind ihre Tentakel; denn die Glocke dient eigentlich nur der Fortbewegung und der Verdauung von Nahrung, die die Tentakel gefangen haben. Obwohl die meisten Quallenarten eher unbeabsichtigt auf ihre Beute stoßen, versuchen einige Tiere, dem Zufall ein wenig nachzuhelfen. Eine an der amerikanischen Pazifikküste ansässi-

ge Spezies stößt sich beispielsweise durch Kontraktionen ihrer untertassenförmigen Glocke an die Wasseroberfläche. Dann dreht sie sich um und sinkt langsam in die Tiefe, wobei sie ihre etwa 60 Tentakel hinter sich herzieht. Man nimmt an, daß die Qualle durch dieses Verhalten Strudel im Wasser erzeugt, die kleine Organismen in die Tentakel schwemmen. Eine andere Quallenart in diesen Gewässern schwimmt einen Zickzackkurs, so daß ihre Tentakel einen größeren Bereich abdecken können und sich die Chance auf Beute erhöht.
Einige Quallen folgen der täglichen vertikalen Wanderung des Planktons und kleiner Fische: Nachts steigen sie zur Oberfläche auf, und am Tag sinken sie in die Tiefe. Aber da die Quallen ihren Auftrieb im Wasser nicht regulieren können, müssen sie ununterbrochen schwimmen. So legt eine Quallenart des Mittelmeers von nur 38 mm Durchmesser auf ihrer vertikalen Rundreise täglich etwa 1100 m zurück – beim Menschen würde dies einer Strecke von fast 53 km pro Tag entsprechen.

Melonenquallen und Seestachelbeeren

Die mit den Quallen verwandten Melonenquallen und Seestachelbeeren gehören zur Klasse der Rippenquallen (Ctenophora) und befinden sich in ihrer Entwicklung etwa auf halbem Weg zwischen den runden Quallen und Seeanemonen und den bilateralsymmetrischen Strudelwürmern. Sie besitzen einen transparenten Körper und lassen sich mit dem Plankton treiben, wobei Seestachelbeeren ihre Tentakel wie Angelschnüre hinter sich herziehen.
Seestachelbeeren sind winzige, etwa 3 cm lange, transparente Tönnchen, die sich mit Hilfe mehrerer Reihen beweglicher Wimperplättchen selbst antreiben. Auf ihren 50 cm langen Tentakeln mit den einfachen Seitenzweigen befinden sich zahlreiche Klebzellen, an denen vorbeischwimmende Beutetiere hängenbleiben. So wurde eine Rippenqualle dabei beobachtet, wie sie mit einer etwa gleichgroßen Seenadel »spielte«, bis diese völlig erschöpft war.
Melonenquallen leben im Oberflächenwasser und rammen ihre Beute gerne. Ein Sinnesorgan im Mundbereich meldet, wenn ein »Kontakt« hergestellt ist, und veranlaßt die Qualle, sich sofort zu verrenken: Der Körper verkürzt sich, der Darm dehnt sich aus und die Beute wird durch einen plötzlichen Wassersog in die Mundöffnung gespült. Der Mund schließt sich, und das unglückliche Opfer sitzt in der Falle.
Einige Rippenquallenarten besitzen sogenannte »Lasso«-Zellen, die bei Berührung platzen und einen lasso-artigen Faden freisetzen, mit dem sie kleine Beuteorganismen wie etwa Rädertierchen fangen.

Segelquallen und Portugiesische Galeeren

Unterhalb der lilafarbenen, ballonartigen Glocke der Portugiesischen Galeere treiben zahlreiche Fangfäden mit Millionen Nesselzellen, die zum Fang von Beute – meist kleinen Fischen – dienen.
Die Portugiesische Galeere gehört zu den Staatsquallen und besteht aus verschiedenen Polyptypen, den Einzelindividuen, die zusammen eine freischwimmende Kolonie bilden. Einige Individuen haben sich auf die Verdauung spezialisiert, andere dienen als Geschlechtstiere der Fortpflanzung und wieder andere bilden Organe für Schwimmbewegungen oder den Beutefang. Die 10–30 cm lange, an der Spitze gekräuselte Glocke ist mit einem Gas gefüllt, das von einer speziellen Drüse abgesondert wird. Die Qualle klappt in regelmäßigen Abständen die Glocke von der einen auf die andere Seite, um sie gleichmäßig feuchtzuhalten und die empfindliche Membran vor dem Austrocknen zu schützen. Wenn diese Glocke mit Gas gefüllt ist, sitzt sie wie ein Segel auf der Wasseroberfläche, und die Staatsqualle wird durch den Wind vorwärtsgetrieben. Zu bestimmten Zeiten sieht man Hunderte von Portugiesischen Galeeren, die auf diese Weise in riesigen Schwärmen übers Meer ziehen.
Da der abgeflachte, gekräuselte Teil der Gasblase in einem Winkel von 45 Grad abgeknickt ist, kann man behaupten, daß die Qualle tatsächlich segelt. Portugiesische Galeeren der Nordhalbkugel setzen ihr Segel auf eine andere Weise als die Staatsquallen der südlichen Hemisphäre; einige sind »Rechtshänder« und andere »Linkshänder«. Beim Segeln dienen

die zahlreichen Tentakel als Wasser- oder Treibanker, mit deren Hilfe die Tiere einen bestimmten Kurs halten. In Gebieten mit starkem Westwind beispielsweise richten die Portugiesischen Galeeren ihr Segel in südwestlich-nordöstlicher Richtung aus; ihre Nesselfäden treiben dann aus nordwestlicher Richtung hinter ihnen her, und die Kolonie segelt in südöstliche Richtung. Durch eine Änderung der Segelstellung verhindern die Quallen, daß sie in Gebiete äquatorialer Windstille – wie etwa in die Sargassosee – getrieben werden.
Die rosablauen Nesselfäden bilden einen über 10 m langen Vorhang, mit dem sie ihre Beutetiere bis zur Größe von Makrelen fangen. Ihre Opfer werden durch das Gift der »Nesselkapsel-Individuen« betäubt und zur Mundöffnung hochgezogen, wo sich die »Verdauungs-Individuen« mit der Beute beschäftigen und die gewonnenen Nährstoffe an alle Einzelwesen der Kolonie verteilen.

Die Portugiesische Galeere treibt an der Oberfläche und wird von einer Luftkammer senkrecht gehalten. Sie besteht aus einer Kolonie von Einzelwesen, die jeweils eine bestimmten Aufgabe erfüllen: Einige fangen die Nahrung, andere verdauen sie, einige halten die Kolonie über Wasser und wieder andere kümmern sich um die Vermehrung. Die Tentakel der »Futter-Fänger« treiben bis zu 10 m hinter der Luftkammer her und produzieren ein Gift, dessen chemische Zusammensetzung dem der Kobra ähnelt.

Auch die Segelqualle nutzt den Wind als Antriebsquelle. Diese Verwandte der Portugiesischen Galeere besitzt jedoch keine einzelne, große, gasgefüllte Glocke, sondern einen scheibenförmigen, gekammerten »Gasbehälter« von 10 cm Durchmesser, mit dessen Hilfe sie auf der Oberfläche treibt. Bei dieser Staatsqualle sitzen die mit der Fortpflanzung beauftragten Individuen an der Mundöffnung unterhalb der runden gasgefüllten Scheibe, die von Nesselkapseln umsäumt ist. Aber das Auffälligste bei dieser Qualle ist ihr auf der Scheibe angebrachtes »Segel«, das ebenfalls abgewinkelt ist und die Kolonie wie eine Jacht übers Meer segeln läßt; es bilden sich oft große Verbände von Segelquallen, die alle in die gleiche Richtung steuern.
Im Kielwasser der Segelquallen findet sich häufig eine gefräßige Purpurschneckenart, die den Segelquallen auf einem Floß aus Luftblasen hinterhertreibt und deren Gewebe auffrißt. Zurück bleibt die runde Scheibe, an die die Schnecken manchmal ihre Eier heften.

Miniaturharpunen

Alle Nesseltiere – ob Seeanemonen, Korallenpolypen, Quallen, Becherquallen, Portugiesische Galeeren oder andere verwandte Tiere – töten ihre Beute auf die gleiche Weise: mit Hilfe der auf den Tentakeln sitzenden Nesselzellen, die auch Nematozysten genannt werden. Auf jeder Tentakel befinden sich zahlreiche solcher Nesselkapseln, die alle mit einem Nesselgift gefüllt sind und einen aufgerollten, mit Widerhaken versehenen Nesselfaden enthalten, der an den umgestülpten Finger eines Gummihandschuhs erinnert. Die Nesselzelle ist mit einem Deckel verschlossen und besitzt außen einen kleinen Fortsatz (Cnidocil), der als Auslöser dient. Wenn nun ein Beutetier zwischen die Tentakel gerät, stößt es gegen den Fortsatz vieler Nesselkapseln, die alle ihre kleine Miniharpune losschießen. Der Deckel fliegt auf, der aufgewickelte Nesselfaden schnellt hervor und dringt tief in das Fleisch des ungeschickten Opfers ein. Bei dieser Entladung schießt der Faden mit einer Geschwindigkeit von 2 m/s und einer Beschleunigung von vierzigtausendfacher Schwerkraft heraus; das ist etwa das Zehntausendfache der Kraft, die Astronauten beim Raketenstart erleben. Die Attacke ist nach einer dreitausendstel Sekunde vorbei und damit der schnellste Zellvorgang in der Natur.

Trotz ihrer mikroskopischen Größe sind die Nesselzellen einiger Quallen und Portugiesischer Galeeren in der Lage, einen Gummihandschuh und die menschliche Haut zu durchdringen. Eine einzelne Qualle kann verschiedene Gifte produzieren: Ein Giftstoff führt zum Herzstillstand des Opfers, ein anderes Toxikum unterbricht den Blutkreislauf, indem es die roten Blutkörperchen zerstört, und wieder ein anderes greift das Gehirn an. Diese gefährlichen Neurotoxine ähneln dem Gift der Königskobra; allerdings müssen etwa 24000 Nematozysten zur Herstellung von einem Milligramm Gift beitragen.

Die Entenmuschel – die man früher für die Larve der Nonnengans hielt – filtert mit ihren Beinen Nahrungspartikel aus dem Wasser. Sie kann sich nicht aktiv fortbewegen, ist aber zum Ortswechsel befähigt, indem sie sich an Treibholz, langsam schwimmende Schildkröten oder Wale heftet.

Obwohl die Portugiesische Galeere auch dem Menschen gefährlich werden kann, wurden bisher nur wenige Personen direkt durch das Gift getötet. Meistens ist es ein Unfalltod durch Ertrinken, wenn ein Schwimmer oder Badender am ganzen Körper gestochen wird. Dagegen endet eine Begegnung mit der Seewespe, einer Würfelquallenart, immer tödlich. Diese Qualle besitzt eine kleine Glocke mit einem Durchmesser von 25 cm und etwa 20 m lange Tentakel und gehört zu den gefährlichsten Seelebewesen, da sie einen Menschen in 3–8 Minuten töten kann.

Aber einige Lebewesen haben sich mit den giftigen Tentakeln der Quallen und Seeanemonen arrangiert und verwenden sie sogar als Waffe. So schneidet beispielsweise eine Krakenart kleine handliche Stücke von den Tentakeln der Portugiesischen Galeere ab und nutzt sie zum Fang von Garnelen. Auch die Schamkrabbe bedient sich kleiner Seeanemonenstücke und schwingt sie drohend in den Scheren.

Gefilterte Nahrung

Viele Meeresbewohner »filtern« ihre Nahrung aus dem Wasser und könnten – wie etwa Schwämme und Korallen – als »seßhafte« Jäger bezeichnet werden. Mit Hilfe ihrer winzigen Netze, durch die das Wasser strömt, fangen sie selbst kleinste Planktonorganismen. Zu diesen Jägern gehören beispielsweise auch die Rankenfußkrebse, kleine Krebstiere, die in einem Kalkpanzer leben, und deren wichtigste Arten als Entenmuscheln und Seepocken bekannt sind. Die gestielten Entenmuscheln findet man vielfach auf Treibholz und Pfählen, während die ungestielten Seepocken Felsen und Steine bevorzugen. Rankenfußkrebse wurden einmal als »auf dem Kopf stehende Krebstiere, die ihre Nahrung mit den Füßen in den Mund treten« bezeichnet – und diese Beschreibung trifft genau ins Schwarze. Die Entenmuschel liegt auf dem Rücken in ihrem Panzer, der durch ein erstaunlich klebstarkes Körpersekret mit dem Felsen oder Untergrund verbunden ist. Dieser Klebstoff besitzt die doppelte Haftfestigkeit von

Epoxidharz. Die 6 Paar Beine des Krebstiers ragen aus der Öffnung im oberen Bereich des Panzers; sie öffnen und schließen sich bis zu 140mal in der Minute und fangen mit den stark beborsteten Beinen winzige Planktonorganismen. Manche Rankenfußkrebse warten nicht untätig auf einem Felsen, bis ihre Nahrung vorbeischwimmt, sondern setzen sich auf größere Tiere, um mit ihnen durchs Meer zu reisen. So gibt es einige Spezies, die sich auf Meeresschildkröten oder die Flossen von Walen und Delphinen spezialisiert haben; dabei handelt es sich aber nicht um Parasiten, da sie ihren Transporteuren keinen Schaden zufügen, sondern sie lediglich als bequemen Ausgangspunkt für ihre »Angeltouren« benutzen.

Beißende Steine

Durch geschickte Tarnung gelingt es einem auf der Lauer liegenden Räuber, praktisch unsichtbar zu werden und seine unachtsame Beute zu überraschen. Meeresfische, die sich bevorzugt auf dem Meeresboden auf Beutefang begeben, nutzen diese Strategie: So ähnelt der giftige Steinfisch – wie sein Name bereits andeutet – einer Ansammlung von algenbedeckten Korallen, Felsen oder Steinen, und seine Konturen werden nur dann deutlich, wenn man seine Augen entdecken kann. Aber auch andere Meeresgrundbewohner, wie die langsamen Drachenköpfe und Laternenangler, besitzen Hautlappen, Fortsätze und Stacheln, die sie mit ihrem Untergrund aus algenbewachsenen Felsen oder Sedimentgestein verschmelzen lassen. Der Laternenangler verfügt darüber hinaus über algenähnliche Hautausstülpungen am ganzen Körper, die ihn auf dem zerklüfteten Meeresboden hervorragend tarnen. Sobald sich ein kleiner Fisch seiner großen, weiten Mundöffnung nähert, reißt er sein Maul blitzartig auf, wodurch ein Sog entsteht, mit dem die Beute dann in den Schlund getrieben wird.

Auch der Meerengel besitzt ein Maul, mit dem er große Mengen Wasser in einem »Schluck« einsaugen kann. Im Gegensatz zu anderen Haifischarten liegt er im Sand oder Schlamm versteckt und wartet auf Beute, die er jedoch nicht mit Hilfe von speziellen Elektro-, Geruchs- und Schwingungsrezeptoren ortet, sondern anhand von optisch sichtbaren Bewegungen erkennt. Wenn ein Fisch an ihm vorbeischwimmt, erhebt sich der Meerengel vom Meeresboden, öffnet sein gigantisches Maul, saugt die Beute ein und kehrt wieder zu seinem Ruheplatz zurück.

Ein anderer Meeresgrundbewohner, der zu den Ammenhaien gehörende Wobbegong in den Gewässern vor Australien, erinnert mit seinen algenähnlichen, die Kopfkontur überragenden Hautbüscheln an einen zottigen Fransenteppich. Die verschiedenen Wobbegong-Arten unterscheiden sich von den anderen Haifischarten mit ihrer meist einheitlich grau oder braun gefärbten Ober- und der weißen Unterseite auch durch ihre raffinierten Hautmusterungen mit Tupfen, Streifen und Flecken, die sie mit ihrem Ruheplatz auf dem Meeresboden oder in einer Korallenbank verschmelzen lassen. In ihrem Maul reihen sich zahlreiche, nadelähnliche Zähne, mit denen sie kleine Fische, Garnelen, Krabben, Seeigel und sogar Menschen angreifen sollen – einige größere Spezies werden bis 3 m lang.

Aber nicht nur der Meeresboden bietet eine perfekte Tarnung. Der Sargasso-Fisch besitzt die Farbe, Struktur und Musterung des freischwebenden Sargassum-Tangs, vor dessen Hintergrund er zu verschwinden scheint. Um zu verhindern, daß ihn eine fächelnde Flosse verraten könnte, entwickelte dieser Fisch biegsame Brustflossen, mit denen er sich an den Algenwedeln festhält und so unbemerkt mit dem Tang vorwärtstreiben kann.

Einige Fische verstecken sich trotz ihrer Schutzfärbung, die sie mit dem Hintergrund verschmelzen läßt, einfach zwischen Steinen und Felsspalten, um dann im geeigneten Moment herauszustürzen und die ahnungslose Beute zu ergreifen. Zu den bekanntesten Meerestieren mit dieser Jagdstrategie zählen die Muränen, die zwischen Felsen und Korallenbänken versteckt ihrer Beute auflauern (meist Fischen, Krabben und anderen kleinen Meeresbewohnern). Dagegen führen die großen Zackenbarsche ein sehr zurückgezogenes Leben in Höhlen und Nischen und erscheinen nur dann, wenn sie einen vorbeischwimmenden Fisch ergreifen wollen. Diese bis 2,4 m großen und fast eine halbe Tonne schweren Jäger bevorzugen einen relativ niedrig gelegenen »Ansitz«, so daß sie ihre Beute leicht gegen die helle Wasseroberfläche erkennen können.

Tödliche Blumen

Krabbenspinnen verstecken sich in Blüten und ahmen deren Farbe und Muster so perfekt nach, daß sie – zumindest für unsere Augen – fast unsichtbar sind. Durch diese »Tarnkappe« können sie ihre Beute überraschen. Sie bauen weder wie die Radnetzspinnen Netze, noch ja-

Die Krabbenspinne kann sich ihrem »blühenden Hintergrund« anpassen und bleibt dadurch unsichtbar für einen vorbeikommenden Bestäuber.

gen sie wie die Wolfsspinnen ihrer Beute hinterher, sondern sie sitzen regungslos zwischen den Blütenblättern und Staubbeuteln insektenbestäubter Blüten und warten auf den Besuch ihrer Beute wie etwa Schmetterlinge und Schwebfliegen.

Wenn sich ein Insekt niederläßt, ergreift die Spinne dessen Kopf und verbeißt sich in die Mundwerkzeuge des Opfers. Dann dreht sie den normalen Nahrungsfluß um und saugt die Körpersäfte ihrer Beute aus. Die ausgetrocknete Körperhülle des Schmetterlings bleibt häufig auf der Blüte liegen – zur großen Überraschung mancher Schmetterlingsfreunde, die sich gerade vorsichtig einem Exemplar nähern wollten und feststellen, daß der Schmetterling nicht zu entfliehen versucht.

Für diese Spinnen ist eine gute Schutzfärbung besonders wichtig. Während eines Experiments mit Löwenzahnblüten wurde die Hälfte der Blüten mit gelben Steinchen und der Rest mit schwarzen Kieseln versehen. Die vorbeifliegenden Insekten näherten sich den Blüten mit den verdächtigen schwarzen Kieselsteinchen nur sehr zögernd, so daß eine nicht der Farbe der Blüte angepaßte Krabbenspinne mageren Zeiten entgegensähe.

Aber da die Blüten nicht ewig halten und bald verwelken, müssen die Spinnen zur nächsten Blume krabbeln und teilweise ihre Farbe dem neuen Gastgeber anpassen. Allerdings gibt es bei diesem Verhalten einen erstaunlichen Aspekt: Insekten sehen die Wellenlängen des Lichts auf eine andere Weise als das menschliche Auge und können das von den Blüten reflektierte ultraviolette Licht wahrnehmen. Daher wirken die Blüten in diesem Licht natürlich völlig anders. Wie die Beleuchtung einer Flugzeuglandebahn weisen die Blüten den Bestäubern den direkten und schnellsten Weg zum Nektar, und die Krabbenspinnen heben sich vor diesem Hintergrund deutlich ab. Daher sollten die Insekten theoretisch in der Lage sein, die Räuber rechtzeitig zu erkennen. Es bleibt allerdings ein Rätsel, warum sie ihnen dann nicht aus dem Weg gehen.

In den Tropen leben einige farbenfrohe Spezies der Gottesanbeterin, die die Blüten imitieren, auf denen sie sitzen. Diese Fangheuschreckenarten sind zwar erheblich größer als die Krabbenspinnen, aber man sieht sie nur, wenn sie sich bewegen. Eine der schönsten Gottes-

anbeterinnen ist die afrikanische Teufelsblume mit ihren rotweißen Beinen, während die weißen Orchideen in Südostasien von weißen Fangheuschrecken besucht werden, die den Blütenblättern ihrer Gastgeber täuschend ähnlich sehen.
Gottesanbeterinnen imitieren aber auch Blätter und Zweige. Ihr Name bezieht sich auf die gebetsartige Stellung ihrer zusammenklappbaren Vorderbeine, die in einer zwanzigstel Sekunde nach vorne klappen und die Beute ergreifen. Diese erfahrenen Jäger zeichnen sich durch ihren unersättlichen Appetit aus: So wurde eine Gottesanbeterin dabei beobachtet, wie sie in nur 3 Stunden 10 Küchenschaben fing und verschlang. Fangheuschrecken gibt es in den unterschiedlichsten Größen und Formen, und einige Arten werden fast 17 cm groß und ernähren sich von kleinen Fröschen und Echsen.
Erstaunlicherweise gehören auch manche Nachtfalter während ihrer Jugendzeit, dem Raupenstadium, zu den geduldigen Jägern, die ihrer Beute auflauern. Eine hawaiianische Eulenfalter-Raupe und etwa 20 verwandte Arten sind solche Räuber: Sie ruhen auf einem Blatt oder Zweig, an dem sie sich mit dem letzten Beinpaar festklammern, und strecken ihren Körper so hoch nach oben, daß sie wie kleine, gerade, grüne Zweige erscheinen. Sobald sich jedoch eine Fliege nähert und die hochsensiblen Härchen auf dem Rücken einer Raupe berührt, krümmt sich die Raupe blitzschnell und ergreift die Beute mit den Vorderbeinen. Dann streckt sie sich wieder und verschlingt ihr Opfer.

Die Schwebfliege ist der Freund jedes Gärtners. Sie legt ihre Eier dort ab, wo die ausschlüpfenden Larven nicht weit kriechen müssen, um zu ihrer Lieblingsspeise zu gelangen – den Blattläusen.

Eine Raupe im Ameisenhaufen

Die Raupen mancher Bläulinge, z. B. des bei uns heimischen Himmelblauen Bläulings, zieht es zu Ameisenhaufen. Hier legen sie sich mitten in ihre eigene Nahrung, lassen es sich gutgehen und rüsten sich für die Zeit der Verpuppung während der Wintermonate.
Die Bläulingsraupe steigt im Herbst von ihrer gewohnten pflanzlichen Nahrung auf tierische Kost um und verläßt z.B. die Thymianpflanzen, auf denen sie in den letzten Wochen geschmaust hat. Nun begibt sie sich auf die Suche nach einer bestimmten Spezies der Knotenameisen, z.B. *Myrmica sabuleti*. Sobald es zum Kontakt mit dieser Ameisenart kommt, reckt sich die Raupe und produziert mit Hilfe einer speziellen Drüse im Hinterleib einen süßen Sekrettropfen, der die Ameise sofort friedlich stimmt. Normalerweise würde sich die Ameise auf die Raupe stürzen und sie als fetten Happen für die Ameisenspeisekammer in den Hügel schleifen. Statt dessen hebt sie die Raupe auf und trägt sie vorsichtig tief ins Innere des Ameisenbaus. Auch die anderen Mitglieder des Ameisenstaates reißen die Raupe nicht in Stücke, sondern lassen sich ebenfalls durch einige Tropfen Sekret und bestimmte Pheromone besänftigen. Tatsächlich wird die Raupe nun regelmäßig »gemolken«, d.h. die Ameisen betrillern die Honigdrüse ihres Gastes, um an weitere Sekrettropfen zu gelangen. Allerdings dankt die sicher und gemütlich mitten im Ameisenhügel sitzende Raupe ihren Gastgebern den erwiesenen Dienst nur schlecht, indem sie deren Larven und Puppen verschlingt.
Auf diese Weise lebt die Raupe etwa 5–6 Wochen bei den Ameisen, bevor sie sich in eine Schmetterlingspuppe verwandelt. Aber auch während der Verpuppungszeit stimmt sie ihre Gastgeber weiterhin durch Honigtropfen, Pheromone und ein raschelndes Geräusch versöhnlich, das sie durch Kratzen des Hinterleibs an der Innenwand der Puppenhülle erzeugt. Dieses Geräusch imitiert die »Ameisensprache« – ein raffinierter Trick des Schmetterlings.

Im Schlaraffenland

Da sich Grüne und Schwarze Blattläuse gerne zu Hunderten auf einer Blüte drängen, gibt es für ein räuberisches Insekt kaum einen besseren Ort als mitten unter ihnen. Diesen Vorzug haben verschiedene Fliegen- und Käferarten und deren Larven erkannt und begeben sich gezielt in ein solches Schlaraffenland.
Die erwachsenen Tiere erleichtern ihrem Nachwuchs den Lebensanfang dadurch, daß sie ihre Eier auf den geeigneten Pflanzen ablegen: So bevorzugen Marienkäfer Blattläuse als Nahrung und deponieren ihre Eier auf der Unterseite von Blättern, in deren Nähe sich Blattlaus-Kolonien aufhalten. Wenn die schieferblauen Larven ausschlüpfen, kriechen sie rasch

nach oben zu den Blüten, in deren Nähe sich die Blattläuse befinden. Während ihres dreiwöchigen Larvenstadiums verschlingt die Larve Hunderte von Blattläusen, deren Haut sie durchdringt und dann aussaugt. Anschließend verpuppt sie sich und kehrt als Marienkäfer zurück, der sich ebenfalls von Blattläusen ernährt.

Auch die kleine, weiche, nacktschneckenähnliche Larve der Schwebfliege zählt zu den Blattlaus-Liebhabern, und das Ei, aus dem sie schlüpfte, war ebenfalls in der Nähe von Blattlaus-Ansammlungen deponiert. Da die Schwebfliegenlarve nur über ein geringes Sichtvermögen verfügt und lediglich zwischen hell und dunkel unterscheiden kann, muß sie ihre Beute mit Hilfe ihres Geruchssinns orten. Mit ihrer abgeflachten Bauchseite gleitet sie auf einem Film aus Speichelflüssigkeit über das Blatt, ergreift die Blattlaus mit ihren Mundwerkzeugen und hält das Opfer hoch in die Luft. Dann saugt sie die weichen Gewebeteile der Blattlaus aus und läßt nur deren runzliges Hautskelett zurück. Sobald sie eine Blattlaus verspeist hat, greift sich die Larve die nächste und vertilgt so Unmengen von Schädlingen, bevor sie sich verpuppt und in die nektarnaschende Schwebfliege verwandelt.

Blattläuse müssen sich auch vor den Netzflüglern in acht nehmen, da sowohl die Larven als auch die erwachsenen Tiere eine Vorliebe für diese Kost haben. Die Larven mancher Flor-

Das Besprühen von Gartenpflanzen mit Insektiziden tötet nicht nur Schädlinge, sondern auch Nützlinge. Die Larve des Marienkäfers wirkt als natürlicher »Schädlingsbekämpfer« gegen Blattläuse: Je mehr Blattläuse vorhanden sind, desto mehr Marienkäfer wachsen heran, die sie fressen.

fliegen bedienen sich dabei eines Tricks: Sie plazieren die Hüllen ihrer verzehrten Opfer auf ihrem Rücken, die sie wie ein Schild gegen andere Räuber zu schützen scheinen. Wenn eine solche Larve einhundert oder mehr Blattläuse verzehrt hat, trägt sie ein erhebliches Gewicht mit sich herum. Nach der Verpuppung legen Gewöhnliche Florfliegen dieses Verhalten ab, während z.B. Rauhe Florfliegen auch als erwachsene Tiere im Laufe ihres kurzen Lebens noch durchschnittlich 315 Blattläuse vertilgen. Da Netzflügler, Schwebfliegen und Marienkäfer auf diese Weise eine wichtige Rolle bei der biologischen Schädlingsbekämpfung spielen, gehören sie zu den gern gesehenen Gästen eines jeden Gärtners.

Aber auch größere Tiere halten sich gern inmitten ihrer Nahrung auf: Der Wüstenteufel, eine Agamenart, läßt sich bevorzugt neben einer Ameisenstraße nieder und schleckt mit seiner Zunge etwa 20–30 Ameisen pro Minute auf, so daß er während einer einzigen Mahlzeit bis zu 1800 Tiere verspeist. Dagegen ist es für die Erdferkel, Erdwölfe und Wüstenfüchse Afrikas sowie die Ameisenbären Südamerikas und die Schnabeligel in Australien erheblich schwieriger, an ihre Lieblingskost, Ameisen und Termiten (die nicht mit den Ameisen verwandt sind, sondern den Schaben nahestehen), zu gelangen: Sie müssen sich erst mühsam zu ihrer »Goldgrube« durchgraben.

Das ungewöhnlich aussehende Erdferkel setzt sich mitten in seine Beute hinein: Es hat eine Vorliebe für Termiten und Ameisen und bricht mit seinen starken Schaufelklauen in ihre Nester ein. Seine 20 cm lange wurmähnliche Zunge kann auf doppelte Länge ausgestreckt werden, um jeden Winkel und jede Ecke nach Fressen zu durchsuchen.

So besitzt der Große Ameisenbär mächtige Vorderfüße mit kräftigen Krallen, die ihm den Zugang zu den Ameisenhügeln erleichtern. Allerdings meidet er die Bauten von Termiten, Blattschneiderameisen und Wanderameisen, deren mit großen Mundwerkzeugen versehene Soldaten seiner langen, empfindlichen Schnauze schmerzhafte Bisse und Verletzungen zufügen können. Seine bevorzugte Beute findet er mit Hilfe seines Geruchssinns; in einem Experiment konnte ein Ameisenbär noch Geruchsspuren wahrnehmen, die einem Viertausendstel des natürlichen Dufts eines Ameisenstaates entsprachen. Im Verlauf einer Mahlzeit – die selten länger als eine Minute dauert – verspeist er etwa 140 Ameisen. Da der Ameisenbär beim Ausgraben seiner Opfer darauf achtet, ihren Bau nicht zu zerstören und auch nicht zu viele Ameisen zu fressen, muß er täglich viele verschiedene Ameisenhügel in seinem Revier aufsuchen, von denen er immer nur ein wenig nascht.

Mit Hilfe seiner bis 60 cm langen Zunge angelt er seine Beute aus dem Hügel heraus, wobei bestimmte, vom Brustbein ausgehende Muskeln die Zungenbeweglichkeit kontrollieren und sie bis zu 150mal in der Minute herausschnellen lassen. Die Oberfläche der Zunge ist mit einer dicken Speichelschicht bedeckt, an der die Ameisen kleben bleiben, dann im Mund des Räubers gegen den hornigen Gaumen und die Wangenfalten gedrückt und zum Schluß im muskulösen Magen zerquetscht werden. Auf diese Weise muß der Ameisenbär etwa hundert Ameisenbauten aufsuchen, um seinen täglichen Nahrungsbedarf zu decken.

Gefährliche Dunkelheit

In den riesigen, kathedralenähnlichen Höhlen Malaysias – den größten Grotten der Erde – lebt eine erstaunliche Tiergemeinschaft, die von den dort nistenden Salanganen und Fledermäusen abhängig ist. Bei den Salanganen handelt es sich um eine Gattung der Segler, deren aus Speichel gebaute Nester als wichtigste Zutat der sogenannten Schwalbennestersuppe sehr begehrt sind. Aber der Weg zu den Nestern und wieder aus der Höhle heraus ist voller Gefahren. Denn an den Wänden lauern zahlreiche Höhlenschlangen, um sich vorbeifliegende Vögel und Fledermäuse aus der Luft zu greifen, und am Boden der Höhle in den Guanohaufen der Fledermäuse erwartet den Besucher ein wahres Gruselkabinett.

Die Höhlenschlangen – besonders manche Nattern – können sich in der Dunkelheit hervorragend vorwärtsbewegen und folgen den abgenutzten, geschliffenen Pfaden in den Guanohaufen, die tief ins Innere der Höhle führen. Sie erklimmen auch die Wände, um an die Eier und Küken in den Salanganennestern zu gelangen. An besonders engen Höhlenpassagen, wo der Flugverkehr stockt und die Vögel und Fledermäuse besonders langsam fliegen müssen, winden sich die Schlangen aber auch um Stalaktiten, Stalagmiten und Felsvorsprünge und ragen mit weitgeöffnetem Maul in den Raum, um nach allem zu schnappen, was vorbeikommt. Man nimmt an, daß die Schlangen die Luftdruckwellen der schlagenden Flügel wahrnehmen; allerdings sollen die Reptilien auch katzenähnliche Laute von sich geben, um ihre Beute mit einer Art Echolot-Ortung zu finden – eine von vielen Höhlenbewohnern angewandte Jagdtaktik.

Die Höhlen bilden auch den Lebensraum einiger Raubspinnen, die (wie viele andere Höhlenbewohner) blind sind und beim Laufen das erste, mit empfindlichen Härchen bedeckte Beinpaar wie Fühler nach vorne ausstrecken, um die Bewegungen ihrer Beute, der Höhlenschrecken wahrzunehmen.

Die Höhlenschrecken können ihrerseits zu wahren Monstern heranwachsen: Einer der spektakulärsten Jäger der Höhlen ist eine solche riesige Höhlenschrecke mit gewaltigen Beinen und muskelbepackten Kiefern, mit denen sie ein Salanganenküken selbst aus einem Nest an der Höhlendecke holen und zerreißen kann. Ein Räuber wurde dabei beobachtet, wie er mit seinen Mundwerkzeugen ein Ei aus einem Nest angelte, es gegen einen Felsen schmetterte und auffraß.

In den Höhlengewässern, die Rillen und Furchen in den Fledermausguano waschen, kämpfen Höhlenkrebse und Riesenkröten um verletzte Jungvögel, die von zwei Krebsen in der Mitte zerrissen werden können. Eine dieser tief im Innern der Höhlen lebenden Krebsarten weist keinerlei Pigmentierung mehr auf, und auch ihr Sehvermögen ist stark zurückgebildet.

Im dunklen Inneren einer Höhle in Sarawak, Malaysia, hängen Höhlenschlangen von Stalagmiten und Stalaktiten herab, um vorüberfliegende Fledermäuse und Salanganen zu fangen. Die Opfer werden in der Luft geschnappt.

Aber mit ihren langen Beinen können diese Lebewesen wie amphibische Spinnentiere durch die Höhlen krabbeln und kraulen. Dieses Gruselkabinett wird durch langbeinige Hundertfüßer, Höhlen-Ohrwürmer und schimmernde Schaben ergänzt.

Die Eingänge zu den Höhlen bewachen Fledermausaare – wanderfalkengroße Raubvögel, die das Kommen und Gehen während der Morgen- und Abenddämmerung für ihre Jagd nutzen. Auch sie warten an einer Stelle mit starkem Flugverkehr auf einen günstigen Moment, um sich aus dem Überangebot an Nahrung zu bedienen. Denn in den Morgenstunden verlassen die Salanganen ihre Brutstätten in großen Schwärmen, um den Tag über nach Nahrung zu suchen, während die Fledermäuse zu ihren Schlafplätzen zurückkehren; in den Abendstunden findet das gleiche Schauspiel mit vertauschten Rollen noch einmal statt. Zu diesen Tageszeiten mit den zahlreichen durcheinanderschwirrenden Beutetieren stoßen die Fledermausaare in einem steilen Winkel auf die ausfliegenden und zurückkehrenden Schwärme herab und verursachen einen riesigen Tumult unter den Tieren, ohne die die gesamte Höhlengemeinschaft nicht existieren könnte. Denn die Fledermäuse und Vögel durchkämmen die nahegelegenen Wälder nach Futter und liefern ihrerseits genügend Nahrung für eine Höhlenbodenfauna, die womöglich umfangreicher als die der umliegenden Waldböden ist.

Auf ihrem Weg nach Süden kommen die Weißkopfseeadler im Herbst im Chalkut Valley zusammen, einem besonders fischreichen Gebiet. Hier können sie die von ihren Laichplätzen zurückkehrenden sterbenden oder toten Lachse ohne große Anstrengung aus den seichten Gewässern fischen und an einem stillen Plätzchen fressen.

Auf Lachsfang

Zur rechten Zeit am rechten Ort – diesen Vorteil genießen zwei der bekanntesten Tierarten Amerikas, der Grizzlybär und der Weißkopfseeadler, die sich am Verhalten eines bestimmten Fisches orientieren. So kommen die an der nordamerikanischen Pazifikküste lebenden Grizzlybären jedes Jahr an ganz bestimmten Flüssen wie etwa dem Mackenzie River in Kanada zusammen, um dort auf die Ankunft der Lachse zu warten. Denn nun kehren die Pazifischen Lachse – wie ihre Verwandten in anderen Teilen der Welt – pünktlich zu ihren Laichplätzen heim. Man könnte fast die Uhr nach den verschiedenen Spezies stellen, die die Flüsse zu unterschiedlichen Jahreszeiten aufsuchen. Im Juli kehren die Blaurücken zu den Flüssen Alaskas und British Columbias zurück, versammeln sich zu großen Schwärmen in den Flußmündungen und Meeresbuchten, wo ein Teil von ihnen Schwertwalen und Robben zum Opfer fällt, und begeben sich dann auf die gefährliche Reise flußaufwärts zu ihren Laichplätzen, um dort ihre Eier und ihren Samen abzulaichen. Aber entlang der Flußufer warten nicht nur Angler und Fischer mit ihren Netzen, sondern auch zahlreiche Grizzlybären.

Normalerweise dulden diese Bären keine anderen Bären in ihrer Nähe, aber bei solch einem Futterangebot reagieren sie etwas toleranter. Um die besten Plätze an den Stromschnellen und den Felsen mitten im Fluß gibt es jedoch immer ein Gerangel, das meist die älteren Tiere gewinnen. Denn an diesen Stromschnellen und kleinen Wasserfällen müssen die Lachse mühsam gegen das schäumende Wasser anschwimmen und sind dadurch sehr leicht zu fangen. Mit einer blitzschnellen Bewegung der Vordertatze packen die Grizzlybären die aus dem Wasser springenden oder im flachen Wasser schwimmenden Lachse; manche stellen sich oberhalb der Stromschnellen in den Fluß, so daß ihnen die Lachse praktisch ins Maul springen.

Nach Beendigung des Fischzugs eilen die Bären mit gefüllten Bäuchen in die Berge, um dort ihren Winterschlaf zu verbringen. Die überlebenden Lachse erreichen endlich ihre Laichplätze, wo viele Fische völlig erschöpft von den Strapazen der Fortpflanzung sterben. Aber einige Lachse kehren wieder ins Meer zurück, um im nächsten Jahr erneut zu laichen. Allerdings steht ihnen auf dem Rückweg ein weiterer Spießrutenlauf bevor:

In den Kiefern entlang des Chilkat River versammeln sich große Scharen von Weißkopfseeadlern, die auf ihrer Wanderung in südliche, warme Gefilde hier eine Rast einlegen. Denn dieser Fluß voller herangeschwemmter toter, sterbender und erschöpfter Lachse bietet ihnen eine leichte Beute. Die Adler stoßen auf die seichte Wasserfläche herab und packen mit ihren mächtigen Krallen die sich windenden Fische. Aber auch einige Bären, Waschbären und Füchse gesellen sich dazu und genießen noch einmal die letzte Jagdmöglichkeit des Sommers und die letzte Gelegenheit zum Anlegen einer ausreichend dicken Speckschicht für den langen Winter.

Jedes Jahr kommen die Grizzlybären zu den Stromschnellen von Alaskas größtem Fluß und warten dort auf Lachse, die auf ihrem Zug zu den Laichplätzen im Quellgebiet sind. Die Lachse bewegen sich nur träge, sind voll von Rogen (Eiern) oder Milch (Sperma), und ihr Kampf gegen das strömende Wasser macht sie zu einem einfachen Fang für die Bären. Einige Bären brauchen bloß ihr Maul zu öffnen, und die Lachse springen wortwörtlich hinein. Dieser Nahrungsüberfluß hilft den Bären, sich zusätzliches Fett für den Winter anzufressen.

Ein Korallenriff setzt sich aus Millionen kleiner Polypen zusammen, die Seeanemonen ähneln und alle in ihrem eigenen Kalkkelch sitzen. In der Nacht strecken sie ihre Tentakel aus, um kleine umhertreibende Meeresorganismen zu fangen.

Wenn die Tentakel der Portugiesischen Galeere einen Fisch gefangen haben, ziehen sie sich zusammen und transportieren das Opfer zu dem Teil der Kolonie, der für die Verdauung zuständig ist.

Quallen gibt es nicht nur in tropischen Meeren. Einige Exemplare wie diese Gelbe Haarqualle treiben mit dem Golfstrom bis an die norwegische Küste.

Lebende Juwelen, die töten: Korallenpolypen am Great Barrier Reef, Sternkorallen von den Bermudas und Kelchkorallen von den Philippinen.

Die europäische Gottesanbeterin steht bewegungslos und wartet auf ein sich näherndes Insekt. Dieses Exemplar hat einen großen Weißling überrascht. Mit ihren verlängerten Vorderbeinen hat sich die Gottesanbeterin das Insekt auf seinem Landeplatz geschnappt und frißt nun langsam den Körper auf.

Eine Biene und eine Fliege auf der Suche nach Nektar und Pollen sind Opfer von wartenden Krabbenspinnen geworden. Diese Räuber arbeiten nach der Methode »Abwarten und Zuschlagen«; sie tarnen sich dadurch, daß sie sich der Blüte anpassen, in der sie sich verstecken.

Der Große Ameisenbär Südamerikas bevorzugt große bodenlebende Ameisen. Er besitzt eine lange, schmale Schnauze mit einer stacheligen Zunge, die mit klebrigem Speichel bedeckt ist. Mit seinen scharfen Krallen bricht er die Ameisenhügel auf; aber er meidet Ameisen und Termiten, die mit gefährlichen Bissen zurückschlagen.

Der Tamandua oder Caguare gräbt nach Termiten und Ameisen, die er durch ihren Geruch aufstöbert. Er meidet Ameisen, die »chemische Waffen« besitzen. Der Ameisenbär selbst scheidet einen bestimmten Geruch aus, der ihm den Ruf eines »Stinktiers« eingebracht hat.

Schuppentiere findet man in Afrika und Asien. Sie sind nachtaktiv und fressen Ameisen und Termiten. Ihr Körper ist mit hornigen, einander überlappenden Schuppen bedeckt, und sie besitzen kräftige Krallen, mit denen sie die Nester aufgraben.

Der Schnabeligel ist ein eierlegendes Säugetier oder Kloakentier, das sich wie die lebendgebärenden Ameisenbären auf Ameisen spezialisiert hat. Dieser Prozeß ist als Konvergenz bekannt: Zwei nicht miteinander verwandte Tiere finden unter ähnlichen Lebensbedingungen die gleiche Lösung für das gleiche Problem.

Eine Reihe von Grizzlybären wartet in einem Fluß im Katriai-Nationalpark auf ihr Festessen – die springenden Lachse. Die Fische werden entweder mit einem heftigen Schlag der Vordertatze erlegt oder mit dem Maul gefangen. Dann frißt der Bär das Fleisch und wirft die Gräten fort. Bären sind eigentlich Einzelgänger, aber bei einem so großen Nahrungsangebot tolerieren sie die Gegenwart der anderen.

Mut, Mythen, Widersprüche und Legenden

Manche Raubtiere nehmen es mit bemerkenswerten Gegnern auf. Dank ihrer Geschwindigkeit, Schlauheit und Hartnäckigkeit gelingt es ihnen, Tiere zu überlisten und auszumanövrieren, die wesentlich größer und viel gefährlicher sind als sie selbst – und häufig endet dieses Zusammentreffen von David und Goliath mit einer Mahlzeit für den Kleineren.

Aber ihr Wagemut kann sie auch in Gefahr bringen, und einige beharrliche Räuber lassen es sogar auf Konflikte mit dem Menschen ankommen.

Diese Begegnungen zwischen Mensch und Tier führen unausweichlich zu übertriebenen Erzählungen, in denen Raubtiere lustvoll töten und eine ständige Gefahr für den Menschen bedeuteten. Diese Angst vor wilden Tieren weckt uralte Erinnerungen an eine Zeit, in der der Mensch noch in engem Kontakt zur Natur lebte und die Furcht vor dem Gefressenwerden eine ständige Bedrohung darstellte.

In den Köpfen der Menschen wurden manche Raubtiere zu »Monstern«, aber diese Geschichten beruhen nicht auf Fakten, sondern sind von Generation zu Generation überliefert und bilden den Stoff für viele Mythen und Legenden.

Dennoch veranstaltet der Mensch immer noch wahre »Hexenjagden« und bestraft Raubtiere für ein Verbrechen gegen die Menschheit, das sie nicht begangen haben.

Niemand stellte diese Vorgehensweise in Frage, bis die moderne Wissenschaft nachweisen konnte, daß der Schein in vielen Fällen trügt.

Das Spiel mit der Schlange

Afrikanische Mungos oder Ichneumone sind dafür bekannt, daß sie Kobras angreifen. Dabei ist das Gift dieser Schlangenart so stark, daß das Reptil einen unvorsichtigen Mungo mit einem Biß töten könnte. Die Mungos verlassen sich daher auf ihre Schnelligkeit, Geschicklichkeit und ihr dichtes Fell, das sie aufrichten, um sich zumindest etwas vor den Angriffen der Schlange zu schützen. Die Taktik des Mungos besteht darin, die Schlange zu ermüden; erst dann kann er sie überwältigen. Dazu täuscht der Mungo einen Angriff vor und versucht, die Schlange zu irritieren, wobei er sorgfältig darauf achtet, immer außerhalb ihrer Reichweite zu bleiben. Die wiederholten Angriffe und hektischen Bewegungen bewirken, daß die Schlange in die Luft beißt. Nach einiger Zeit wird die Kobra langsamer, und ihre Gegenangriffe erlahmen. Nun ist der Moment für den entscheidenden Schlag des Mungos: Mit seinen rasiermesserscharfen Zähnen versetzt er der ermüdeten und verteidigungsunfähigen Schlange den tödlichen Biß ins Genick.

Ein ziemlicher Brocken

Schlangen fressen nur selten. Über ein Jahr verteilt nehmen sie nur wenig mehr als ihr eigenes Körpergewicht zu sich und können lange Zeit fasten. Von einem Tigerpython wurde be-

Eine Schlange kann ihre Kiefer aushaken und Opfer verschlingen, die wesentlich dicker sind als die Schlange selbst. Dieser Felsenpython hat ein Impala erwischt und erwürgt, indem er sich um dessen Körper geschlungen hat. Nun verschlingt er es als Ganzes.

REFLEXBEDINGTES TÖTEN

Füchse, Iltisse und Nerze töten vermeintlich ohne jeden Grund. So scheint ein Fuchs im Hühnerstall aus purer Lust am Töten mehr Hühner umzubringen, als er überhaupt fressen kann. Aber es ist nicht seine Schuld, wenn er sich plötzlich von lauter Beutetieren umringt sieht, denn der Mensch hat diese Beute in unnatürlich großer Menge in Ställen zusammengepfercht. Der Tötungsimpuls des eingedrungenen Fuchses wird durch jedes angstvolle Flattern eines Vogels erneut ausgelöst, und der Räuber kann nicht aufhören zu töten, solange der Reiz anhält. Wenn der Fuchs nicht gestört wird, vergräbt er die Kadaver in der Nähe, um sie später zu fressen. Löwen verfahren genauso mit Rindern, ebenso wie Wölfe mit Schafen.

In der freien Wildbahn ist Beute so schwer zu fangen, daß der Reiz des plötzlichen Nahrungsüberflusses den Räuber überwältigt; aus diesem Grund tötet er bis zum Schluß, ohne sich dagegen wehren zu können. Dieses Phänomen ist als »reflexbedingtes Töten« bekannt.

richtet, daß er nach 21 Wochen ohne Nahrung nur 10 Prozent seines Körpergewichtes verloren hatte, während ein Netzpython über ein Jahr ohne Futter überlebte. Aber wenn eine Schlange frißt, nimmt die Futtermenge oft erstaunliche Dimensionen an.

Alle Schlangen können ihre Kiefer auseinanderhaken. Diese Anpassung an ihre lange und schmale Körperform ist notwendig, denn aufgrund der fehlenden Gliedmaßen und Reißzähne sind Schlangen nicht in der Lage, ihre Beute zu zerlegen; sie müssen ihre Opfer in einem Stück verschlingen. So überwältigt ein großer Python Beutetiere von der Größe einer Wildsau oder Antilope: Er fängt sein Opfer mit den Kiefern und quetscht es danach zu Tode, indem er seinen muskulösen Körper um das Opfer schlingt. Allerdings bricht die Schlange ihrer Beute nicht die Knochen, sondern erstickt sie. Bei diesem Vorgang handelt es sich um eine Reflexhandlung, denn die Schlange reagiert auf die Bewegungen des Opfers. Ist der Tod eingetreten, lockert sie ihre tödliche Umarmung und verschlingt die Beute mit dem Kopf zuerst.

Jede Schlange verfügt über eine geniale Methode, mit der sie auch Beutetiere verschlingen kann, die größer sind als sie selbst: Ihre nach innen gerichteten Zähne am Gaumen und auf dem Mundboden hindern die Beute daran, wieder aus dem Maul zu gleiten, und die sechs oberen Kieferknochen sind mit dem Schädel nur durch Muskeln und Bänder verbunden und können unabhängig voneinander bewegt werden (das gilt auch für die beiden unteren Kieferhälften). Gelangt die Beute in den Mundraum, »wandern« die mit Zähnen besetzten Kiefer an der Beute entlang, wobei sie sich wechselseitig bewegen. Sobald die Beute an der Speiseröhre angekommen ist, krümmt sich die Schlange zu einer S-Form und preßt den Kadaver einfach in den Magen, da sie weder einen Schultergürtelknochen noch ein Brustbein besitzt, die diesen Bereich einengen könnten. Außerdem ist sie in der Lage, ihre Rippen zu weiten, und auch die Haut kann erheblich gedehnt werden, ohne dabei zu reißen.

Wenn das Opfer einer Riesenschlange größer ist als erwartet, kommt es häufig zu Kämpfen auf Leben und Tod. Dies gilt besonders bei einem Angriff auf Krokodile und Alligatoren; dennoch siegt am Ende meist die Schlange. So fand man im Magen eines etwa 7 m langen afrikanischen Felsenpython ein 1,5 m langes Nilkrokodil; eine fast 8 m lange Anakonda im Osten Brasiliens hatte einen Alligator ähnlicher Größe verschlungen; ein großer Tigerpython soll sogar einen ausgewachsenen Leoparden gefressen haben.

Auch in zoologischen Gärten hat man festgestellt, daß Würgeschlangen ungewöhnlich große Mahlzeiten verschlingen können. Carl Hagenbeck berichtet beispielsweise von einem 7,5 m langen Netzpython, der zuerst einen etwa 13 kg schweren Ziegenbock und wenige Stunden später eine etwa 18 kg schwere Ziege gefressen habe, die er jeweils innerhalb einer halben Stunde verschlang. Eine Woche später starb das Steinbockweibchen des Zoos. Nachdem man ihre Hörner abgesägt hatte, wurde der etwa 34 kg schwere Kadaver der Schlange vorgeworfen, die sich sofort daran machte, ihn zu verschlingen. Hagenbeck dachte, daß dies ein außergewöhnlicher Kraftakt sei, und ließ einen Fotografen kommen, dessen Blitzlicht aber die Schlange so sehr erschreckte, daß sie die ganze Ziege innerhalb einer halben Minute wieder hervorwürgte.

Auf dem Speiseplan der größeren Riesenschlangen können manchmal auch Menschen stehen. Ein Zeitungsartikel vom November 1977 berichtet, daß der Körper eines 45 Jahre alten Mannes aus dem Magen eines 5,5 m langen Tigerpython geschnitten wurde, der kurz zuvor von Dorfbewohnern in Indonesien erlegt worden war. Die Dorfbewohner wurden dadurch alarmiert, daß die Schlange eine zweite Person angriff. Im Juli 1971 überwältigte in der Nähe von Rocinha in Brasilien eine etwa 60 cm dicke Anakonda einen Fischer. Am nächsten Tag fanden die Dorfbewohner die Reste seines Körpers angespült am Strand; der Brustkorb des Fischers war zerquetscht.

Eierfresser

Die Eierschlange zerdrückt keine Tiere, sondern Eier, deren Durchmesser doppelt so groß wie ihr eigener Körperumfang sein kann. Wie alle Schlangen hakt auch die Eierschlange ihre Kiefer auseinander. Aber ihr Maul ist besonders dehnbar, und sie besitzt kleinere Zähne, einen größeren Mundinnenraum und eine höhere Flexibilität als andere Schlangen, so daß die Eierschlange ihr Maul bis zur vierfachen Größe aufreißen und ein Ei ganz verschlingen kann.

Zuerst schiebt sie das Ei in ihr Maul, das sich weit darüber öffnet; dann läßt sie es langsam durch die Speiseröhre gleiten. Da die Schlange in der Lage ist, ihre Luftröhre beim Fressen weit nach vorne zu schieben, kann sie währenddessen immer noch atmen. Außerdem sind die Wände der Luftröhre durch Knorpel verstärkt, damit sie nicht einreißen. Dann zerbricht sie das Ei in der Speiseröhre, wobei sich ihre starken Nackenmuskeln zusammenziehen und in die Speiseröhre hineinragende Halswirbelfortsätze das Ei aufritzen. Der Inhalt des Eies wird verdaut und die Eierschale wieder herausgewürgt.

Mutige Räuber

Der Fischermarder geht nicht fischen, wie sein Name vermuten ließe. Er gehört zur Familie der Mustelidae, einer Gruppe kleiner, räuberischer Tiere, die in ihrer charakteristischen Analdrüse Moschus produzieren. Der Fischermarder unterscheidet sich von seinen Verwandten dadurch, daß er ausschließlich Stachelschweine jagt, eines der am schwersten zu fangenden Beutetiere überhaupt. Denn Stachelschweine besitzen bekanntlich scharfe Stacheln auf ihrem Rücken, die sie zu ihrer Verteidigung aufrichten können. Während andere Marder ihre Beute mit einem starken Biß in das Genick töten, verbietet sich diese Technik für den Fischermarder. Statt dessen muß er das Stachelschwein mehrmals angreifen und versuchen, das ungeschützte Gesicht zu treffen. Das Stachelschwein wiederum bemüht sich, dem Angreifer den Rücken zuzudrehen, was einen Angriff langwierig und schwierig macht. Häufig benötigt der Räuber über eine halbe Stunde, um oft genug zubeißen und die Beute schwächen zu können. Aber wenn er erfolgreich ist, besitzt er genügend Futter für die kommenden Wochen.

Ebenfalls zur Familie der Marder gehören Wiesel, Hermelin und Iltis – kleine, aber mutige Räuber, die es mit Beutetieren aufnehmen (wie etwa ausgewachsenen Kaninchenrammlern), die weitaus größer sind als sie selbst. Im Gegensatz zu vielen größeren Fleischfressern jagen sie allein. In Zeiten mit geringem Beutetierbestand verschmähen sie auch nicht Aas. So fin-

Das Wiesel jagt allein und ohne Hilfe. Es greift sogar Tiere an, die größer sind als es selbst; dazu gehören auch ausgewachsene Kaninchen.

den Baummarder die von größeren Raubtieren zurückgelassenen Kadaverreste von Elchen oder Rentieren, indem sie deren Spuren folgen – ein Verhalten, das unter dem Begriff »parasitäres Jagen« bekannt ist.

Der Vielfraß der nordischen Länder zählt zu den größten Marderarten, aber auch er kämpft mit Beutetieren, die erheblich größer und stärker sind als er selbst. Seine Fähigkeiten zeigen sich im Winter, wenn hoher Schnee den Boden bedeckt. Zu seiner Lieblingsbeute gehören Rentiere, denn ein großes Exemplar sättigt einen Vielfraß für viele Monate. Im Sommer sind die Rentiere zwar im Vorteil und können fliehen, aber im Winter sinken ihre Hufe tiefer in den Schnee ein als die breiten, flachen Tatzen des Vielfraßes. Der Räuber holt das Rentier ein, springt auf seinen Rücken und schlägt seine Eckzähne und Krallen in dessen Genick. Dort klammert er sich so lange fest, bis das Rentier ermüdet zusammenbricht. Dann reißt der Vielfraß den Kadaver mit seinen kräftigen Kiefern auseinander und verscharrt die Stücke überall im Wald. Da der Frost das Fleisch frischhält, muß sich der Vielfraß nur noch an seine Verstecke erinnern, um längere Zeit überleben zu können. Die Angewohnheit, Fressen zu horten, hat dem Vielfraß den Ruf eines Nimmersatt eingebracht. Falls er einmal keine Beute findet, führt ihn seine extrem empfindliche Nase zu Kadavern, die von Luchsen oder Wölfen zurückgelassen wurden. Und bei der Verteidigung der Beute behält der Vielfraß immer das letzte Wort: In Nordamerika wurden verschiedene Vielfraße beobachtet, wie sie drei Kojoten und sogar einen Schwarzbären von ihrer Beute vertrieben, während in Kalifornien zwei Pumas ihre Beute an einen Vielfraß verloren.

Skandinavisches Rätsel

Das Leben in der Arktis ist für Menschen und Tiere hart. Die Lappen hüten ihre riesigen Rentierherden gut und schützen sie vor Räubern, die ihnen die Tiere unter der Nase wegstehlen. Wölfe werden sofort erschossen, und man beobachtet auch Steinadler mit Argwohn, da sie lange als die Schuldigen in einem arktischen Kriminalfall galten, der erst vor kurzem gelöst werden konnte.

Viele Jahre lang verloren die Lappen einen Großteil ihrer Rentierkälber. Der Räuber war unbekannt, und die Kadaver tauchten nicht wieder auf. Daher nahm man an, daß der Jäger aus der Luft kommen müsse, um ein Kalb zu packen und es in sicherer Entfernung zu fressen. Für ein solches Verhalten kam nach Ansicht der Lappen nur ein großes Luftraubtier wie der Steinadler in Frage, und die Jagd auf diese Vögel war damit eröffnet. Als immer mehr Steinadler erlegt wurden, befürchteten Naturschützer bereits die Ausrottung der Vogelart in diesem Gebiet.

Aber irgendetwas stimmte nicht. Da Adler im allgemeinen nur kleinere Portionen fressen, war es unwahrscheinlich, daß die Vögel so viele Kälber fingen. Deshalb zog man Wissenschaftler zu Rate, die sich daran machten, das Rätsel zu lösen.

Zunächst brachte man Sender an neugeborenen Rentierkälbern an. Theoretisch war es nun möglich, jedem erbeuteten Kalb zu folgen und den Räuber auf frischer Tat zu ertappen. Die Wissenschaftler warteten und beobachteten. Die Sender waren so konstruiert, daß sie sich erst einschalteten, wenn sie keine Bewegung mehr registrierten, das Rentier also tot war. Die Forscher mußten nicht lange warten: Als die ersten Signale eingingen, nahm man die Verfolgung auf. Aber zur Überraschung der Forscher verschwanden die Signale, wenn sie in das betreffende Gebiet kamen. Erst nach einiger Zeit fand einer der Wissenschaftler einen Sender, der zusammen mit einem halb gefressenen Rentierkalb unter der Erde verscharrt lag. Die Bißspuren im Genick zeigten, daß nicht der Steinadler, sondern der eurasische Luchs der Täter sein mußte. Warum hatte er sich aber völlig ungewöhnlich verhalten und den Kadaver verscharrt? Die überraschten Wissenschaftler warteten und beobachteten weiter. Als wieder ein Luchs ein Rentier angriff und seinen Hunger stillte, wurde er von einem Vielfraß vertrieben, der den Kadaver mit seinen kräftigen Krallen und Zähnen zerlegte, Stück für Stück fortzerrte und für den späteren Verzehr verscharrte. Das Rätsel war gelöst und der Steinadler freigesprochen: Aber bis zum heutigen Tag hat er seinen schlechten Ruf nicht ablegen können.

Der eurasische Luchs ist der größte aller Luchse. Sein Fell hat im Sommer dunkle Flecken, trägt aber im Winter keine Zeichnung. Die großen, behaarten Pranken ermöglichen es der Raubkatze, sich schnell über den Schnee zu bewegen. Sie erlegt ihr Opfer mit einem Erstickungsbiß in die Kehle.

Berühmt-berüchtigte Jäger

Auch Wölfe hatten schon immer einen schlechten Ruf, aber es gibt nur wenige Beweise dafür, daß sie Menschen absichtlich anfallen. Trotzdem findet man auf der ganzen Welt in Märchen und anderen Erzählungen die Figur des »bösen Wolfes«. Der Wolf ist ein Symbol des Bösen und ein Menschenfresser – so ähnlich lauten die Geschichten. Erstaunlicherweise gleichen sich diese »wahren Begebenheiten«, wo man sie auch hört: Immer ist es eine kalte Winternacht, und der Held ist allein oder nur in Begleitung seines treuen Hundes. Die Wölfe heulen, während sie ihre menschliche Beute jagen, sie blecken beim Angriff ihre Zähne und besitzen übernatürliche Kräfte. Tatsächlich jagen Wölfe in aller Stille, blecken ihre Zähne nur gegenüber anderen Wölfen und sind etwa so stark wie ein deutscher Schäferhund; und es gibt nur wenige glaubhafte Fälle, in denen Wölfe Menschen angegriffen haben. Der Mensch fürchtet sich zwar vor den Wölfen, wird aber nicht von ihnen gejagt. Nach den Presseberichten der letzten Jahre sind Hunde viel gefährlicher als Wölfe, da sie mit Menschen zusammenleben und keine Angst vor ihnen haben.

Auch die Haie sind als Menschenmörder verschrien. Zwar besteht kein Zweifel darüber, daß Haie Menschen angreifen, aber die Beweise verdichten sich, daß diesen Angriffen entweder eine Fehleinschätzung seitens des Hais vorausgeht – Surfer werden z.B. für Robben oder Seelöwen gehalten – oder daß es sich hierbei um eine aggressive Revierverteidigung handelt. In vielen anderen Fällen haben sich die Menschen selbst in eine risikoreiche Situation begeben: mit Speeren jagende Fischer, an deren Gürtel die toten Fische im Wasser hingen, oder Badende, die in Gebieten schwammen, in denen Haie jagten. Dagegen findet man nur

Der Steinadler sucht auf seiner Jagd nach Beute systematisch den Boden ab, indem er ihn in niedriger Höhe kreuz und quer überfliegt. Kleine Säuger wie Hasen, Vögel (z.B. Moorschneehühner), Reptilien und auch Fische wie der Lachs werden mit den Krallen in einem kurzen plötzlichen Sturzflug erlegt. Da er regelmäßig von Viehkadavern (Rentieren oder Schafen) frißt, hat der Steinadler in Skandinavien den unverdienten Ruf eines »Viehschlächters«.

wenige Beispiele für Angriffe, für die ausschließlich die Haie verantwortlich sind. Jedes Jahr sterben mehr Menschen durch Blitzschläge als durch Hai-Attacken, und dennoch wird in jedem Sommer wieder groß darüber berichtet.

Mit Argwohn betrachtet man auch große Adler, die im Mittelpunkt vieler Geschichten aus der Wildnis stehen. In fast jeder dieser Erzählungen wird ein Kind von einem Adler in seinen Horst entführt, wobei in einigen Fällen sogar ein Funken Wahrheit darin steckt.

1977 ergriff in Illinois ein Raubvogel ein zehnjähriges Kind und trug es etwa 10 m durch die Luft. Aus dem Nahen Osten wurden 1978 drei Fälle berichtet, in denen Adler Säuglinge vom Flußufer entführten, während ihre Mütter dort die Wäsche wuschen. Und im Jahr 1932 ereignete sich ein mehrfach bestätigter Vorfall, bei dem ein vier Jahre altes norwegisches Mädchen von einem Steinadler von einem Bauernhof weggeholt wurde. Der Adler konnte sie kaum tragen, aber er schleppte das Kind bis ans Ende des Tals, wo er es auf einem Felsvorsprung fallen ließ. Die Einheimischen sahen den Adler über der Stelle kreisen und konnten das Mädchen retten.

Die aber wahrscheinlich ungewöhnlichste Geschichte ist die von Jeanne Cowden, die in den südafrikanischen Golden Gate Highlands einen Kaffernadler mit der Hand aufzog. Miss Cowden fühlte sich sehr unsicher, wenn der Vogel über ihr schwebte, während sie an einem

Felsabhang stand; denn man sagt den Kaffernadlern nach, daß sie ihre Beute in die Tiefe stoßen, um sie vor dem Fressen zu zerschmettern.
Aus diesem Grunde entschied sich Miss Cowden für ein Experiment. Sie fertigte eine lebensgroße Puppe von sich selbst, zog ihr ihre normale Wanderkleidung über und setzte sie auf eine Felsklippe. Kurze Zeit später kam der Vogel herangeflogen, packte die Attrappe, zerrte sie an den Abhang und stieß sie in die Tiefe. Die Puppe fiel mehrere hundert Meter tief ins Tal, und Miss Cowdens Vermutung erwies sich als berechtigt.

Unglaublich, aber wahr

Ein Schwarzbär in Idaho machte es sich zur Gewohnheit, die Euter von Mutterschafen zu fressen; hin und wieder verzehrte er auch Herz und Leber, ließ aber den Rest des Tieres liegen.
Wenn in strengen Wintern das Futter knapp ist, springt der neuseeländische Kea oder Nestorpapagei auf den Rücken eines Schafes, zerrt dessen Wolle weg und frißt das darunterliegende Fleisch.
Auf einer schottischen Insel frißt das Rotwild die noch ans Nest gefesselten Küken von Seeschwalben und Möwen. Rehe und Hirsche gehören eigentlich zu den Pflanzenfresser, aber dem Grünfutter auf dieser Insel mangelt es an Kalzium und anderen Mineralstoffen und Salzen. Deshalb decken die Tiere ihren Kalziumbedarf mit den Knochen der Küken.
Den Silberdachsen im Norden von Idaho sagt man nach, daß sie auf Friedhöfen in die Gräber einbrechen. Normalerweise graben sich die Dachse schnell in die Höhlen von Erdhörnchen und Maulwürfen ein, die ihnen als Nahrung dienen.
Waschbären waschen ihr Futter – meist Flußkrebse oder Frösche – vor dem Verzehr. Ein Grund für dieses Verhalten ist bis heute nicht bekannt.
In Deutschland und in der Schweiz knabbern Steinmarder an den elektrischen Anlagen von Autos. So legte ein einzelner Marder in einer Nacht 100 Autos in einem Münchner Parkhaus lahm, und ein deutscher Automobilhersteller ist zu der Erkenntnis gekommen, daß auf diese Weise jedes Jahr 10 000 Autos beschädigt werden. Junge Marder knabbern Dinge an, um festzustellen, ob etwas genießbar ist. Da der Motorraum eines Autos einen bequemen Unterschlupf bietet, testet die Marderfamilie auch die Elektroleitungen. Im Herbst wissen die Jungtiere dann, daß Autos nicht allzu schmackhaft sind, und die Schadensfälle gehen zurück. Nichtsdestotrotz führten diese »Geschmacksproben« während eines Sommers allein in der Schweiz zu 3000 Versicherungsfällen durch Steinmarder.
Der Inger oder Schleimaal, ein bodenbewohnender aalähnlicher Verwandter der Neunaugen, kann sich selbst verknoten. Mit seinem runden Maul voller scharfer Raspelzähne heftet er sich an sein Opfer fest, meist einen großen Fisch. Anschließend verknotet er sein Schwanzende und schiebt den Knoten langsam über seinen schleimigen Körper zum Kopfende. Dort wird der Knoten als Hebel benutzt und hilft dem Inger, sich in seine Beute zu bohren, die er dann von innen aushöhlt.
Lederschildkröten werden bis 2,4 m lang und gelten als die größten Schildkröten der Welt – dennoch ernähren sie sich hauptsächlich von Weich- und Hohltieren.
Der Lämmer- oder Bartgeier fliegt mit großen Knochen in seinen Krallen hoch über ein felsiges Gebiet. Dort läßt er die Knochen fallen, um sie zu zerschmettern, frißt das Mark und verschluckt schnabelgroße Knochensplitter. Genauso verfährt er auch mit Schildkröten.
Würger spießen ihre Beute auf Dornen oder Stacheldraht auf, da sie sich auf diese Weise einfacher fressen und lagern läßt. Diese makabre Vorratskammer des Würgers enthält häufig die aufgespießten Körper zahlreicher Tiere; meist sind es Insekten, kleinere Vögel und Säuger.

Ameisenregimenter auf Raubzug

Von südamerikanischen und afrikanischen Wander- oder Treiberameisen erzählt man sich die erstaunlichsten Geschichten, und die meisten davon treffen zu. Solange sie als Armee zusammenarbeiten, sind diese Wanderameisen äußerst geschickte Räuber. So ist ein großer

Der Grauwürger trägt im Englischen den angemessenen Spitznamen »butcher bird« (= Schlachtervogel). Er fängt kleine Vögel und mausgroße Nager und bringt sie zu seinem Lieblingsast, wo er sie auf Dornen oder spitze Zweige aufspießt. Zu dieser »Vorratskammer« kehrt der Vogel dann regelmäßig zurück. Dieser Würger hat einen verletzten Spatzen aufgespießt; er legt sich aber auch mit Vögeln von der Größe einer Schwarzdrossel an.

Wanderameisenstaat, der aus über einer halben Million Einzeltieren bestehen kann, durchaus in der Lage, jedes lebende Wesen zu töten, das seinen Weg kreuzt.

Geschwächte Pferde oder Kühe – ja selbst ein verletzter, nicht gehfähiger Mensch – werden von den Ameisen in wenigen Stunden bis auf die Knochen zerlegt. Eine Meldung aus Zentralbrasilien berichtet von einem Ameisenstaat von etwa 1,6 km Länge und 800 m Breite, der in Richtung einer Stadt zog. Der Polizeichef und einige Bewohner wurden von den Insekten getötet, als sie versuchten, die Ameisen aufzuhalten. Schließlich konnte man den Zug nur durch den Einsatz von Flammenwerfern stoppen.

Das Geheimnis des Erfolges der Treiberameisen liegt in der Fähigkeit des Staates, wie ein gigantischer Riesenorganismus zu handeln. Die Verständigung der einzelnen Individuen läuft über Duftstoffe und Vibrationen, und jedes einzelne Wesen erfüllt eine bestimmte Aufgabe: sei es nun die Nahrungssuche, die Verteidigung der Kolonie oder die Versorgung der eierlegenden Königin.

Die Nahrung der Wanderameisen besteht hauptsächlich aus gepanzerten Beutetieren wie anderen Insekten, Spinnen oder Skorpionen, und die Kolonie ist ständig auf der Suche nach neuen Nahrungsquellen. Dabei verlaufen die Bewegungen des Stammes nicht gleichmäßig: Tatsächlich wechselt eine 15-tägige Wanderphase mit einer 20-tägigen seßhaften Phase ab. Nach einer mehrwöchigen Reise durch den Wald kommt die Kolonie zur Ruhe und baut ein provisorisches Lager, wo das Volk etwa 20 Tage bleibt, während die Königin einen neuen Schub von 50000–100000 Eiern legt. In der Zwischenzeit durchstreifen die Arbeiter den Wald nach Futter. Sie plündern nach einem bestimmten Schema, indem sie speichenförmig vom Lager ausschwärmen. Dabei ändern sie täglich die Suchrichtung, die von einem auf den nächsten Tag um exakt 123 Grad abweicht. Dieser Richtungswechsel sorgt dafür, daß die Tiere nicht zweimal das gleiche Stück des Waldes durchkämmen.

Sobald die Eier ausgebrütet sind und eine neue Armee von Mäulern gefüttert werden muß, kehrt die Kolonie zu ihrem nomadischen Lebensstil zurück. In der Morgendämmerung schwärmen Trupps von Arbeitern aus dem Lager aus und gehen auf die Jagd; bewacht von Soldaten mit großen Mundwerkzeugen. Wie von einem großen Kompaß gelenkt, legen sie

etwa 14 m pro Stunde und fast 200 m pro Tag zurück und sammeln in dieser Zeit etwa 30000 eßbare Gegenstände und Lebewesen. Alles, was nicht fliehen kann, wird gefangen.
Eine Ameisenstraße kann aus über 200000 Tieren bestehen, die vom Lager aus hin und her eilen, wo die Königin und ihr Hofstaat den Tag verbringen. Kleinere Gruppen spalten sich von diesen Straßen ab und formieren sich zu einem Stoßtrupp von etwa 18 m Länge, für den auch Wasser kein Hindernis darstellt: Die Arbeiter verschränken einfach ihre Beine miteinander und bauen eine lebendige Brücke, über die der Rest der Ameisen passieren kann. Wenn sie von der Strömung erfaßt wird, kugelt sich die Ameisentruppe zu einem großen Ball zusammen und läßt sich ans sichere Ufer treiben.
Am Abend löst sich dann das Lager der Königin auf und folgt der Spur des Stoßtrupps. Dieser Teil des Ameisenstaates reist im Schutz der Dunkelheit etwa 8 Stunden bis zum nächsten Lagerplatz, der in etwa 100 m Entfernung noch vor Tagesanbruch angelegt wird.
Trotz allem sind Wanderameisen in einigen Teilen der Welt gern gesehene Gäste. Sobald eine Ameisenkolonie naht, verlassen die Dorfbewohner ihre Häuser, bis die Armee wieder abgezogen ist. Denn die Ameisen reinigen die Häuser von Parasiten, Schlangen und Insekten, und die Bewohner kehren in ihre sauberen Häuser zurück.

Ein Stoßtrupp von Treiberameisen sucht den Wald nach Opfern ab. Jedes Lebewesen, das nicht rechtzeitig fliehen kann, wird durch den Angriff getötet, zerlegt und ins Lager zurückgebracht. Die Armee arbeitet wie ein einziger, gigantischer Organismus, in dem jedes Individuum seine Rolle zum Wohl der Gemeinschaft spielt.

Treiberameisen begrenzen ihre Beutezüge nicht nur auf den Waldboden. Sie plündern die Nester von Baumtermiten, anderen Ameisenarten, Wespen und Bienen. Diese Treiberameisen schleppen Larven aus einem tropischen Wespennest fort.

Ein Vorteil einer gut organisierten Armee liegt darin, daß die Treiberameisen Beute überwältigen können, die um ein Vielfaches größer ist als sie selbst – wie etwa diese Laubheuschrecke.

Im Mittelpunkt eines Tageslagers von Treiberameisen steht die Königin. Sie wird von Arbeitern gepflegt und gefüttert, und ihre einzige Aufgabe besteht darin, Eier zu produzieren – millionenfach. In der Dämmerung löst sich das Lager auf, und die Königin zieht mit ihrem Hofstaat weiter. Der nomadische Lebensstil verhindert, daß der Kolonie das Futter ausgeht.

Auch ein Fluß bildet kein Hindernis für Treiberameisen. Sie verschränken einfach ihre Beine ineinander und bilden eine Brücke aus lebenden Körpern, über die der Rest der Kolonie ziehen kann.

Waschbären gehen meistens allein und in der Nacht auf die Jagd. Dabei suchen sie die Nähe von Flüssen, in denen sie ihr Futter »waschen«. Es ist bis heute unklar, ob der Waschbär sein Fressen einfach nur festhält oder ob er es wirklich von Schmutz oder schädlichen Substanzen reinigt. Zu seiner Beute gehören Fische, Flußkrebse, Frösche, Vögel und Eier.

Der Steinadler (links) hat in Lappland den Ruf, junge Rentierkälber zu erlegen. Ohne Zweifel frißt er von Kadavern totgeborener Kälber und ist groß genug, ein Neugeborenes zu erlegen. Aber viel häufiger werden die Kälber von Luchsen getötet und die Reste von Järvs oder Vielfraßen (unten) beseitigt.

Anakondas können über 6 m lang werden und große Beutetiere überwältigen, die sie durch Erwürgen töten. Diese Anakonda hat es mit einem ihr ebenbürtigen Kaiman aufgenommen ... und gewonnen.

Wie der Name schon sagt, frißt die Eierschlange Eier – aber das Bemerkenswerte daran ist, daß sie sie im Ganzen verschlingt. Sie klinkt ihre Kiefer auseinander und würgt das Ei (links unten) herunter; durch die Fortsätze der Halswirbel wird die Eierschale erst im Körperinneren zerbrochen (unten).

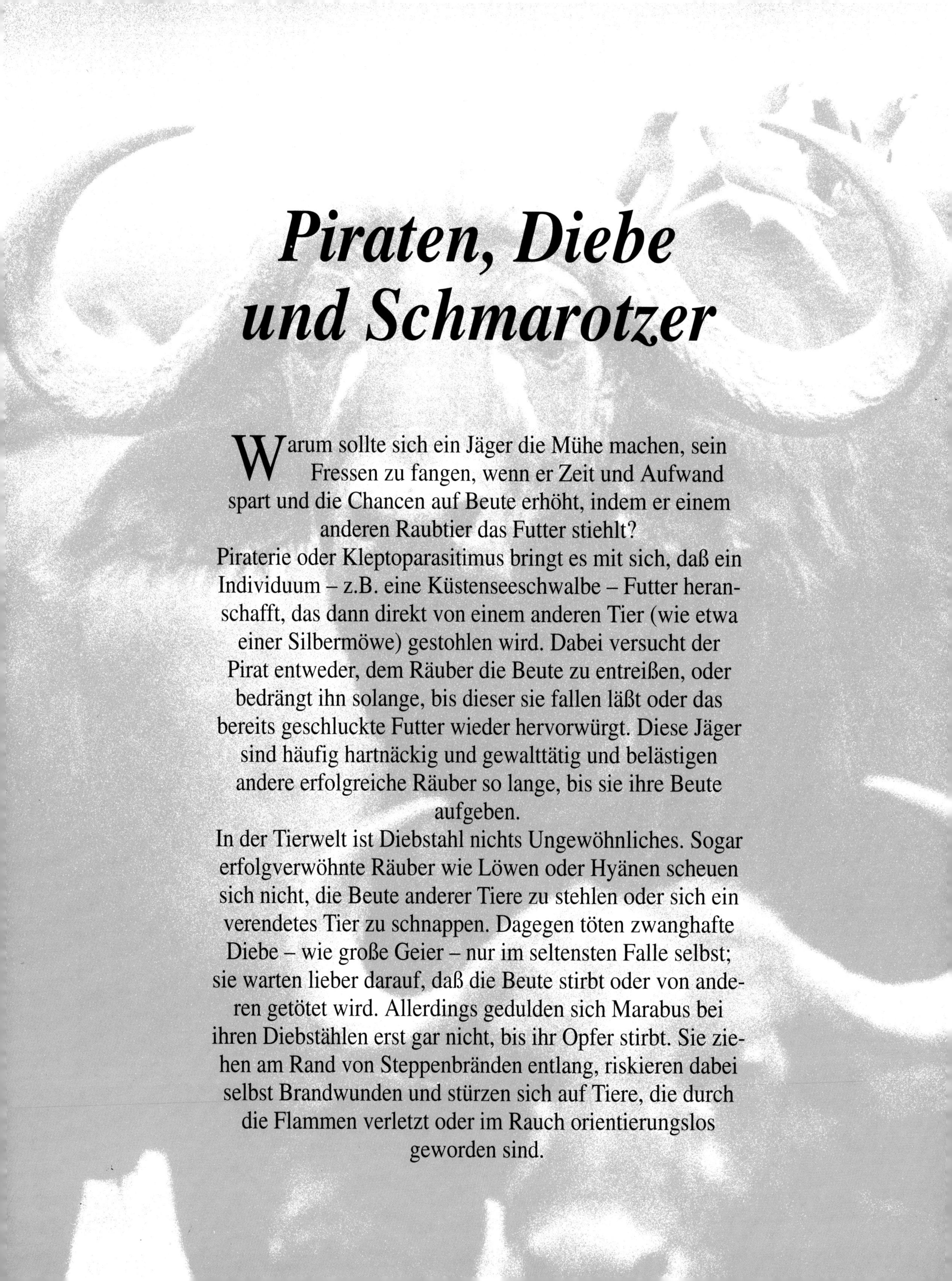

Piraten, Diebe und Schmarotzer

Warum sollte sich ein Jäger die Mühe machen, sein Fressen zu fangen, wenn er Zeit und Aufwand spart und die Chancen auf Beute erhöht, indem er einem anderen Raubtier das Futter stiehlt?

Piraterie oder Kleptoparasitimus bringt es mit sich, daß ein Individuum – z.B. eine Küstenseeschwalbe – Futter heranschafft, das dann direkt von einem anderen Tier (wie etwa einer Silbermöwe) gestohlen wird. Dabei versucht der Pirat entweder, dem Räuber die Beute zu entreißen, oder bedrängt ihn solange, bis dieser sie fallen läßt oder das bereits geschluckte Futter wieder hervorwürgt. Diese Jäger sind häufig hartnäckig und gewalttätig und belästigen andere erfolgreiche Räuber so lange, bis sie ihre Beute aufgeben.

In der Tierwelt ist Diebstahl nichts Ungewöhnliches. Sogar erfolgverwöhnte Räuber wie Löwen oder Hyänen scheuen sich nicht, die Beute anderer Tiere zu stehlen oder sich ein verendetes Tier zu schnappen. Dagegen töten zwanghafte Diebe – wie große Geier – nur im seltensten Falle selbst; sie warten lieber darauf, daß die Beute stirbt oder von anderen getötet wird. Allerdings gedulden sich Marabus bei ihren Diebstählen erst gar nicht, bis ihr Opfer stirbt. Sie ziehen am Rand von Steppenbränden entlang, riskieren dabei selbst Brandwunden und stürzen sich auf Tiere, die durch die Flammen verletzt oder im Rauch orientierungslos geworden sind.

Einige kleinere Raubtiere haben sich auf das Mißgeschick anderer spezialisiert. Insekten, die in einen Teich geraten und durch die Oberflächenspannung des Wassers gefangen sind, werden von oben von Wasserläufern und von unten von Rückenschwimmern und Forellen angegriffen. Die Larven einer speziellen Fliegenart leben in der ungewöhnlichsten Umgebung, die man sich vorstellen kann – in Pfützen aus Rohöl. Mit ihren Mundwerkzeugen schnappen sie nach jedem Insekt, das im Öl steckenbleibt, und bohren sich durch die Haut, um an die weichen inneren Organe zu gelangen.

Fliegende Piraten

Raubmöwen, Möwen und Fregattvögel sind die Piraten der Vogelwelt. Schmarotzerraubmöwen greifen im Sturzflug Papageitaucher und andere Seevögel an und versuchen, ihnen die Beute abzujagen. Ein Papageitaucher, der möglicherweise schon einen weiten Weg mit seiner Beute zurückgelegt hat, wird von der Raubmöwe an der Flügelspitze festgehalten und ins Wasser gezerrt. Die einzige Fluchtmöglichkeit für den Papageitaucher besteht darin, sein

Seevögel wie Möwen, Raubmöwen und Fregattvögel gelten als Piraten der Vogelwelt. Diese Graukopfmöwen am Lake St. Lucia in Natal bedrängen einen Reiher, um ihm den Fisch zu stehlen, den er gefangen hat.

LEICHTFÜSSIGE JÄGER

Nicht alle Schmarotzer fügen ihren Wirten großen Schaden zu; es gibt einige kleine und unauffällige Piraten, die besondere Strategien entwickelt haben. So findet man auf den Netzen von großen Radnetzspinnen manchmal kleine »Schmarotzer«-Spinnen, die über das Netz krabbeln und Futter rauben, ohne von der Spinne selbst bemerkt zu werden. Andere Diebe rauben nicht das Futter, sondern erschleichen sich eine Mitfahrgelegenheit. Zu diesen Anhaltern der Tierwelt gehören sogar Fische und Vögel, die darauf vertrauen, daß sie von anderen, meistens größeren und stärkeren Jägern an den gewünschten Ort mitgenommen werden. Einige kleine, flinke Landraubtiere verlassen sich darauf, daß ihre Beute von großen, schwerfälligeren Jägern aus dem Gestrüpp gejagt wird.

Fressen fallen zu lassen, denn nur dann läßt die Raubmöwe locker und fängt mit besonderem akrobatischem Geschick die fallende Beute noch in der Luft.
Manche Möwen beschatten tauchende Vögel wie Enten und Kormorane und greifen sie an, sobald sie auftauchen. So hat man Möwen beobachtet, die genau auf den großen Schnäbeln von Pelikanen landeten und ihnen den Fisch abzujagen versuchten, den die Pelikane gerade gefangen hatten. Die Möwen bedrängen aber auch Seeschwalben und jagen sie mitleidslos, bis sie ihren hart erarbeiteten Fang fallen lassen. Lachmöwen verfolgen sogar Kiebitze, die auf Feldern nach Regenwürmern suchen. Findet der Kiebitz einen Wurm und zerrt ihn aus dem Boden, wird er sofort von einer Möwe verjagt, die ihm sein Fressen stiehlt. Dabei verteilen sich die Möwen auf einen Kiebitzschwarm, so daß jede Möwe die Aktivitäten mehrerer Kiebitze beobachten kann. Auf diese Weise stiehlt die Möwe ihren »Kiebitz-Sklaven« pro Tag über 160 Würmer. Diese Menge entspricht mehr als ihrem doppelten Nahrungsbedarf und ist mit Sicherheit ein leichterer und zuverlässigerer Weg der Futtersuche, als selbst nach Nahrung zu scharren.
Aber die geschicktesten »Luftpiraten« sind die Fregattvögel. Sie schießen flach über das Wasser und tauchen Kopf und Schnabel in die Wellen, um kleine Fische oder Tintenfische buchstäblich den Kiefern der jagenden Thunfische zu entreißen. Da diese Kunst aber viele Jahre der Übung erfordert, greifen jüngere Fregattvögel lieber andere Seevögel an, zerren an deren Schwanzfedern und baumelnden Füßen und zwingen sie dazu, ihren Fang wieder hervorzuwürgen. Dank einiger Besonderheiten seines Körperbaus fliegt der Fregattvogel schneller als die meisten anderen Vögel. So besitzt er im Verhältnis zum Körpergewicht die größte Spannweite aller Vögel, und der Fettanteil seiner Federn ist relativ gering, wodurch das absolute Körpergewicht noch weiter gesenkt wird. Allerdings bedeutet dieser Fettmangel auch, daß er nicht im Wasser nach Beute jagen kann und deshalb auf typische Piraten-eigenschaften zurückgreifen muß, um an Nahrung zu gelangen.
In Indien jagen Asiatische Trauerdrongos manchmal kleinere insektenfressende Vögel und belästigen sie so lange, bis sie ihre Beute fallen lassen. Aber auch die amerikanischen Truthahngeier haben einen einfachen Weg entdeckt, um ihr Futter von jungen Graureihern zu beziehen. Die ganz jungen Küken werden direkt von den Geiern gefressen, aber die älteren Reiher verteidigen sich, indem sie ihre Angreifer mit hervorgewürgtem Fressen bespucken. Auf welchem Wege könnte der Geier wohl noch leichter an vorverdaute Nahrung gelangen, die er seinen eigenen Küken mitbringen kann?
Bei diesen fliegenden Allesfressern ist Luftpiraterie offensichtlich nichts Ungewöhnliches – aber es gibt auch einige Überraschungen: Sogar Spatzen können zu Piraten werden. Man hat Sperlinge beobachtet, die einer Dolchwespe Grillen und Heuschrecken stahlen.

Altweltgeier

Die in Südeuropa, Afrika und Asien lebenden Altweltgeier sind nicht – wie bisher angenommen – in der Lage, Aas zu riechen. Aber sie entdecken eine potentielle Beute schon auf weite Entfernungen und ziehen schnell Nutzen daraus. Diese Geier waren bei vielen blutigen Schlachten zugegen und griffen schwer verwundete Soldaten an, die sich kaum noch bewegen oder wehren konnten; dabei versuchten die Vögel, die Körper der Unglücklichen zu zerreißen. Die abessinischen Armeen sollen von ganzen Geierschwärmen begleitet worden sein, und während des Krimkrieges sandte man Kommandos aus, um die Geierschwärme zu verjagen. Die Sekte der Parsen in Indien legt ihre Toten in die sogenannten »Türme des Schweigens«, wo sich die Geier der toten Körper annehmen – eine Sitte, die noch aus einer Zeit stammt, als man die Toten nicht beerdigen oder verbrennen konnte, weil es kein Holz gab oder der Boden nicht tief genug war.
Unter normalen Umständen gelten Geier als hochentwickelte »professionelle« Aasfresser, die zwar mit den Greifvögeln verwandt sind, aber nur sehr selten selbst jagen. Sie schweben über der ostafrikanischen Steppe oft in großer Höhe, die sie dank der Thermik mühelos erreichen. Geier können relativ gut sehen (wenn auch nicht viel besser als der Mensch) und sind in der Lage, bestimmte Zeichen zu erkennen, die auf Beute hinweisen – ein Kadaver auf

dem Boden, jagende Raubtiere oder andere Geier, die zum Fressen landen. Durch diese »Beobachtungskette« einander gegenseitig bewachender Geier kann ein auf dem Boden liegender Kadaver Geier aus einem Umkreis von mehreren Kilometern anziehen, weshalb auch Löwen und Leoparden ihre Beute oft in den Schutz der Büsche zerren, um diese unvermeidliche Invasion zu verhindern.

In Ostafrika haben sich verschiedene Arten von Geiern darauf spezialisiert, jeweils nur bestimmte Teile eines Kadavers zu verzehren – auf diese Weise geraten sie einander nicht in die Quere. Gänsegeier besitzen scharfrandige Schnäbel, mit denen sie Fleisch zerschneiden, und eine rauhe Zunge, die ihnen beim schnellen Verschlingen der Beute hilft; sie können allein im Kropf ein Viertel ihres eigenen Körpergewichtes an Futter aufnehmen. Gänsegeier ernähren sich deshalb von weichen, fleischigen Stücken, während andere Arten – wie die aggressiven Ohrengeier – Haut, Sehnen und andere zähe Teile der Beute fressen. Die Schmutzgeier schließlich picken mit ihren dünnen Schnäbeln die Reste auf. Da der Kopf- und

Nackenbereich einiger Geierarten nackt ist, kann z.B. der Ohrengeier seinen Kopf tief in einen blutigen Kadaver stecken, ohne sein Federkleid mit Blut zu beschmutzen.

Wenn sie keinen Kadaver finden können, fressen Geier auch Dung; allerdings bevorzugen sie den Tierkot großer Raubkatzen und ignorieren den der Hunde und Hyänen. Da Großkatzen wie etwa Löwen ihr Fressen nicht so vollständig verdauen wie Hunde, findet sich in den Ausscheidungen der Löwen etwa 10 Prozent mehr an unverdauter Nahrung. Wie die Hunde besitzen auch diese Geier ein sehr gut funktionierendes Verdauungssystem, das in der Lage ist, selbst kleinste Mengen Nährstoff aus diesem »Futter« herauszuziehen, das auf den ersten Blick nicht unbedingt als geeignete Nahrungsquelle erscheint.

Geier beobachten andere Geier, die sich auf einem Kadaver niederlassen; wie durch eine Buschtrommel herbeigerufen, versammeln sich dann die Geier aus einem großen Gebiet zum Fressen. Diese Ohrengeier und Weißrückengeier müssen mit einem Goldschakal um einen Kadaver kämpfen.

Bis auf die nackten Knochen

Manchmal ist das Überleben der Geier abhängig von anderen Aasfressern. So benötigen Geierküken kleine Knochensplitter von Kadavern, um genügend Kalzium für ihren eigenen gesunden Knochenbau zu erhalten. Da aber das von den Eltern wieder hochgewürgte Fleisch zu wenig Kalzium enthält, müssen die Jungvögel ihren Bedarf aus diesen Knochensplittern decken. Im Gegensatz zu den Lämmergeiern haben andere Geier nie gelernt, Knochen zu zerbrechen; sie benötigen deshalb die Hilfe anderer Tiere, wie etwa der Tüpfelhyäne, die mit ihren kräftigen Zähnen und Kiefern das Skelett eines Tierkadavers zersplittern kann. Beim Fressen übersehen die Hyänen die kleinen Splitter – die für die Geierküken lebensnotwendig sind.

Dennoch hat man in Südafrika in der Nähe einiger Farmen Nester mit mißgestalteten Kapgeierküken gefunden. Da sich die Hyänen nicht in die Nähe von Wohngebieten wagen, blieben die Skelette der Kadaver unzerstört, und die Geierküken gelangten nicht an das notwendige Kalzium. Wenn die Skelette nach einiger Zeit verfielen, wurde das Kalzium herausgewaschen. So gab es für die örtlichen Naturschützer nur eine Möglichkeit zur Rettung der Geier: das Ausstreuen kleiner zerschlagener und zersplitterter Knochenstücke.

Neuweltgeier

Einige der Neuweltgeier orten ihre Beute mit Hilfe des Geruchssinns und gut entwickelten Nüstern. Auch wenn sie ebenfalls als »Geier« bezeichnet werden, sind diese Vögel eher mit Störchen als mit Greifvögeln verwandt, besetzen aber die gleiche ökologische Nische – ein Beispiel für konvergente Evolution (zwei nicht miteinander verwandte Tierarten lösen das gleiche ökologische Problem auf ähnliche Weise).

Da sie Aas riechen können, sind die Neuweltgeier in der Lage, ihre Nahrung auch in den dichten Wäldern Südamerikas zu finden. Dabei werden frische Kadaver in der Regel nicht

Aasfresser sammeln sich, um die Reste eines Gnukadavers zu beseitigen. In der Etoscha-Pfanne ist Nahrung zu manchen Jahreszeiten rar, und der Wettkampf ist hart. Hier scheinen die Schabrackenschakale im Kampf gegen die Geier die Oberhand zu gewinnen.

wahrgenommen, da sie keinen starken Geruch verströmen; aber die Geier spüren jeden Kadaver auf, der einen Tag oder älter ist. Faulende Kadaver ignorieren sie jedoch, weil sie relativ frisches Fleisch bevorzugen.

Zu den Geiern mit dem besten Geruchssinn gehören die anpassungsfähigen Truthahngeier und die Gelbkopfgeier. Sie erreichen die Futterplätze als erste, gefolgt von Raben- und Königsgeiern, die ihre Vorgänger vertreiben. Der große Königsgeier kann mit seinem kraftvollen Schnabel an Haut und Sehnen zerren, während die kleineren Arten die weicheren Teile fressen.

Der größte Neuweltgeier ist der Kondor, der die Berge und Täler der Anden bewohnt. Dieser riesenhafte Vogel erreicht eine Flügelspannweite bis 3,2 m und durchstreift die Berghänge nach Aas. In bestimmten Gebieten der Anden fliegt er bis an die Küste und nutzt den Nahrungsüberschuß in Form von Plazenten, die während der Wurfzeit der Robben und Seelöwen anfallen.

Fleischfressende Bienen

Vor kurzem stellte ein amerikanischer Wissenschaftler in Panama zum Erntedankfest die Reste des traditionellen Truthahnessens für die Katzen der Umgebung vor die Tür. Man kann sich seine Überraschung vorstellen, als sich als erster Aasfresser ein Bienenschwarm einstellte. Diese stachellosen Bienen hatte man auch schon früher auf toten Körpern beobachtet, dabei aber angenommen, daß sie nur an den Körpersäften interessiert seien. Als der Wissenschaftler die Bienen näher untersuchte, stellte er fest, daß sie an jedem Oberkiefer (Mandibel) fünf große scharfe Zähne besaßen. Mit diesen, für Bienen sehr ungewöhnlichen Kiefern konnten sie das Fleisch zerschneiden.

Die Kundschafterbienen schwärmen vom Stock aus und suchen – statt nach Blumen – gezielt nach Aas, wobei tote Frösche oder Echsen bevorzugt werden. Wenn sie einen geeigneten Kadaver finden, legen die Kundschafter mit Hilfe von Pheromonen eine Geruchsspur und holen ihre Kolleginnen herbei. Dann lassen sich die Bienen in großer Zahl auf dem Körper nieder und verjagen jeden Konkurrenten, z.B. Fliegen. Sie setzen sich auf der Oberfläche ihrer Beute fest und bilden einen Kreis. Mit ihren speziell geformten Mandibeln ritzen sie nun ein Loch in die Haut, durch das der Rest des Schwarmes eindringen und das Innere fressen kann. Während des Kauens verspritzen die Bienen ein Enzym, wodurch das Fleisch teilweise vorverdaut wird, so daß es zum Bienenstock transportiert und dort für die übrigen Mitglieder des Bienenstaates hervorgewürgt werden kann. Auf diese Weise nagen etwa 60–80 Bienen in etwa 3 Stunden einen Froschkadaver bis auf die Knochen ab, und ein Schwarm von 1000 Individuen benötigt für einen toten Affen oder einen ausgewachsenen Ameisenbären nur wenige Tage.

Bei dieser Art der Nahrungsbeschaffung werden die Bienen von einer Ameisenart unterstützt. Eine Art chemischer Kommunikation zwischen beiden Insektenarten bewahrt die Ameisen davor, von den Bienen vertrieben zu werden. Die gegenseitige Toleranz erklärt sich auch durch die unterschiedlichen »Arbeitszeiten« der Insekten: Die Bienen bevorzugen für ihre Aktivitäten den Tag, während die Ameisen die Nachtschicht übernehmen.

Falscher Alarm

Wie die meisten Armeen besitzen auch Treiberameisen ihren eigenen Troß. Eine vorauseilende Kolonne von Plünderern wird von einer ganzen Menagerie von Tieren begleitet, die alle ihren Nutzen aus der von den Ameisen gestifteten Panik und Verwirrung zu ziehen versuchen. Am auffälligsten sind dabei die Ameisenvögel, die nicht die Ameisen selbst, sondern die von der Ameisenarmee aufgescheuchten Insekten verspeisen.

Die zahlreichen Ameisenvogelarten besitzen alle ihren eigenen Platz in der Hackordnung. Die dominantesten Vögel halten sich direkt vor der Kolonne auf, weil dort die meisten Insekten aufgescheucht werden, während untergeordnete Arten an der Seite oder hinter der Armee Stellung beziehen. In den Bäumen darüber folgen ihnen verschiedene andere Vogelarten, deren Interesse weniger den Ameisen selbst als dem besonderen Wachdienst der Ameisenvögel gilt. Denn Ameisenvögel sind aufmerksame Greifvogelbeobachter und gehören meist zu den ersten, die einen jagenden Habicht entdecken, der durch das Unterholz schießt und kleinere Vögel ergreift. Daher verlassen sich die anderen Tiere auf die Alarmrufe der Ameisenvögel.

Eine Ameisenvogelart hat herausgefunden, wie sie einen Vorteil aus ihrer privilegierten Stellung ziehen und ihre Mitstreiter im Rennen um die fetteste Beute schlagen kann. Sobald eine Heuschrecke aus dem Gras hochspringt und ein Rivale zuschnappen will, gibt der Ameisenvogel einen Alarmruf. Der andere Vogel erschrickt und flieht, da er lieber das Insekt als sein Leben verliert. Währenddessen heimst der Betrüger die Beute ein.

Per Anhalter auf einem Büffel

In der afrikanischen Savanne folgen Kuhreiher Nashörnern, Elefanten und Büffeln und warten darauf, daß diese großen Säuger Insekten aus dem Gras aufscheuchen. Die Vögel lassen sich auf den Rücken ihrer nichtsahnenden Komplizen nieder und springen nur ab, um aufgeschreckte Grillen oder Heuschrecken aufzupicken. Kuhreiher, die sich mit großen pflanzenfressenden Säugern zusammentun und »per Anhalter« reisen, benötigen etwa 30 Prozent weniger Energie und fangen 50 Prozent mehr Insekten als allein jagende Vögel. Dank dieser erfolgreichen Methode konnten sich die Kuhreiher von Afrika aus auch nach Amerika und Asien ausbreiten und mit Hilfe der großen Viehherden selbst Südamerika besiedeln.

Die Kuhreiher lassen aber die äußeren Parasiten wie Zecken oder Fliegen unbeachtet, die auf den Säugern leben; diese werden zur Beute der Madenhackerstare. Auf der Suche nach Beute dringen die Madenhacker in jede Falte, Spalte und in jedes Loch ein und werden häufig dabei beobachtet, wie sie mit ihrem leicht vertikal abgeflachten Schnabel Zecken aus Augenwinkeln, Ohren und Nasenlöchern herauszupfen. Diese Vögel besitzen ein ähnliches Aussehen und Verhalten wie die Spechte: Sie halten sich mit ihren scharfen Krallen an der Nashorn- oder Büffelhaut fest und sind dank ihrer starren Schwanzfedern in der Lage, auch über senkrechte Flächen zu laufen.

Auch die Bienenfresser wissen, daß die Verbindung mit einem größeren Tier ihren Jagderfolg steigert. Allerdings meiden diese Vögel große Säugetiere und bevorzugen einen »Ritt« auf dem Rücken afrikanischer Trappen und Strauße. Wenn diese großen Vögel durch das Gras schreiten, springen ihre Passagiere ab, um aufgeschreckte Insekten zu fangen.

Die Gelbschnabeltokos, eine Nashornvogelart, folgen Gruppen von Zwergmangusten und greifen sich die Kleintiere, die die Mangusten übersehen. Die Mangusten wiederum tolerieren die Vögel, da sie sie vor jeder Gefahr warnen.

Am ungewöhnlichsten ist die Verbindung zwischen Krokodilwächtern und anderen Rennvögeln und dem Nilkrokodil. Der Krokodilwächter entfernt nicht nur Parasiten aus der Haut des Krokodils, er ist auch dafür bekannt, daß er in das offene Maul des ruhenden Krokodils hüpft und Futterteilchen aus dessen Zähnen pickt.

Haut- und Zahnpflege

Lippfische waren ursprünglich kleine Fische, die sich von winzigen, parasitären Krustentieren auf der Haut anderer Fische ernährten. Im Laufe der Zeit wurden sie so geschickt in der Entfernung von Parasiten, daß andere Fischarten sich danach drängten, von ihnen gereinigt zu werden. Auf diese Weise entwickelten sich die Lippfische zu wahren Spezialisten, und heute schwimmen sowohl kleine Fische wie Grundeln als auch große Fische wie Zackenbarsche zu besonderen Reinigungsplätzen, wo sie von mehreren dieser »Putzerfische« gesäubert werden. Sogar der Riesenmanta nimmt ihre Dienste in Anspruch, und einige Fische kommen aus mehreren Kilometern Entfernung zu ihnen.

Die Meerschwalben (*Labroides dimidiatus*) führen zuerst einen kleinen Tanz auf, um anzuzeigen, daß sie mit dem Putzen beginnen wollen; und während diese Lippfischart die Haut, das Innere des Mauls inklusive der Zähne und die Kiemen säubert, verharren ihre Kunden regungslos im Wasser. Der Zackenbarsch könnte seinen kleinen Putzer mit einem Happen verschlingen; aber er unterläßt alle räuberischen Aktivitäten, bis die Reinigung vorüber ist.

Für ein gesundes Korallenriff sind Lippfische anscheinend von größter Bedeutung. Werden sie versuchsweise entfernt, ziehen ihre Kunden entweder weg oder leiden unter Geschwüren, ausgefransten Flossen und Pilzerkrankungen.

Es gibt auch eine Garnelenart, die mit ihren Fühlern Kunden anlockt. Diese »Putzergarnelen« klettern auf ihren Gästen umher und entfernen Pilze, Parasiten und Futterteilchen aus der Haut, dem Maul und den Kiemen. Ein Meeresbiologe hat dieses Verhalten so zusammengefaßt: »Fische besitzen zwar Tausende von Schuppen, unter denen sich unerwünschte Eindringlinge verstecken und sie plagen, aber keine Finger, um sich zu kratzen.« Diese Aufgabe übernehmen Lippfische und Garnelen.

Der Kaffernbüffel scheucht Insekten aus dem Gras auf, die von den ihn begleitenden weißen Kuhreihern gefressen werden, während die Madenhackerstare auf dem Büffel selbst Nahrung finden: Zecken und andere Parasiten, die sich im Fell des Huftiers verstecken.

Der Schiffshalter reist im Meer per Anhalter. Eine in einen Saugnapf verwandelte Rückenflosse ermöglicht es dem Fisch, sich an langsam schwimmenden Haien und großen Rochen festzuhalten.

Allerdings gibt es eine kleine Fischart (*Aspidontus taeniatus*), die die Meerschwalbe nachahmt, nur um dem betrogenen Kunden ein Stück aus dem Schwanz zu beißen. Dieser – auch »Falscher Putzerfisch« genannte – Räuber gehört zur Gattung der Säbelzahn-Schleimfische und besitzt die gleiche Form und die blau-weiße Musterung des Lippfisches, dem er bemerkenswert ähnlich sieht. Wenn sich die Kunden aufreihen, kann sich der Räuber in aller Ruhe nähern; aber anstatt friedlich an den Parasiten zu knabbern, beißt er mit den langen Zähnen seines Unterkiefers dem Opfer ein Stück aus dem Körper, den Flossenrändern oder den Schuppen. Der getäuschte Kunde wird sich davor hüten, diesen Reinigungsplatz noch einmal aufzusuchen.

Per Anhalter

Die Schiffshalter sind besonders dafür ausgerüstet, um auf den Rücken oder an den Bauchseiten großer, langsam schwimmender Haie, Mantas oder Seeschildkröten mitzureisen. Eine ihrer Rückenflossen hat sich zu einem Saugnapf auf dem Kopf umgebildet, mit dem sich die Fische fest anheften und durch das Meer ziehen lassen. Dieser Saugnapf besteht aus einer schuhsohlenförmigen Randleiste und zahlreichen Lamellen, mit deren Hilfe ein Vakuum zwischen dem Schiffshalter und seinem Reisegefährten erzeugt werden kann, so daß der Anhalter fest mit seinem Transporteur verbunden ist, egal wie schnell dieser schwimmt.

Bis heute ist es unklar, welchen Vorteil die Schiffshalter aus dieser Verbindung ziehen. Sie erhalten zwar eine »Freifahrt«, man nimmt aber auch an, daß sie die Futterreste abfangen, die bei der Mahlzeit ihrer Trägerfische, z. B. der Haie, herunterfallen. Einige Schiffshalter wurden in Mäulern und Kiemen beobachtet, wo sie sich wie Putzerfische verhielten. Mit Sicherheit besteht der Mageninhalt der Schiffshalter zu einem großen Teil aus parasitären Ruderfüßern und Asseln. In den Höhlen von Yukatan, wo große Haie in der Süßwasserströmung baden, fressen die Schiffshalter die heruntergespülten Parasiten, und in der Lagune von Bimini kommen sie zusammen, um Reste der Plazenta von Zitronenhai-Geburten zu fressen.

Aber selbst wenn sich die Schiffshalter von ihrem Wirt gelöst haben, wissen sie sich zu helfen und finden auch alleine Nahrung: Sie schwimmen als Schwarm in Kreisen, wobei sich die größeren Fische auf die kleineren legen.

Zur Familie der Schiffshalter gehören der in der Bugwelle von Haien schwimmende Küstensauger (*Remora remora*), der Kopfsauger (*Echeneis naucrates*) und der eigentliche Schiffshalter (*Echeneis remora*), der sich meist an große Bartenwale heftet.

Schiffshalter waren schon in der Antike bekannt. Die Griechen nahmen an, daß sie die Schiffe bremsen, und gaben ihnen deshalb den Namen »Schiffshalter«. Kaiser Caligula wurde auf seiner Reise nach Antium ebenso von Schiffshaltern »aufgehalten« wie das Schiff von Marcus Antonius auf der Fahrt nach Aktium. Marcus Antonius verlor die Schlacht und Caligula sein Leben. Damals verwendete man zermahlene Schiffshalter auch als Arznei, um Geburten zu »verzögern« und die Potenz zu steigern. In Madagaskar wurden untreuen Eheleuten getrocknete Schiffshalter umgehängt, damit er oder sie für immer zum jeweiligen Ehepartner zurückkehrte. Und Christoph Kolumbus berichtete über Eingeborene in der Karibik, die Schiffshalter an Leinen festbanden, um mit ihnen Seeschildkröten zu fangen, an denen sich die Fische festhefteten.

Einige Schmarotzer wie der schwarzweiß gestreifte Lotsenfisch saugen sich nicht fest; sie sind aber immer bereit, ein verlorengegangenes Beutestück ihres größeren Wirts – meist ein Hai, Rochen oder Riesenzackenbarsch – zu ergreifen. Früher nahm man an, daß Lotsenfische ihre größeren schwimmenden Begleiter führen würden, aber es ist wahrscheinlicher, daß sie nur ein sicheres Plätzchen suchen. Denn welcher Ort ist sicherer als das Vorderteil eines Haifisches? Dabei achten die Lotsenfische besonders darauf, den Zähnen nicht zu nahe zu kommen: Sie machen jede Bewegung des größeren Fisches mit, um immer in der Druckwelle vor dem Maul schwimmen zu können.

Lippfische und Putzergarnelen befreien Zitronenhaie und Ammenhaie von ihren Parasiten. Die »Kunden« legen sich dazu auf den Meeresboden; Ammenhaie unterbrechen sogar bis zu 2 Minuten jegliche Kiemenatmung, während dieser Bereich gesäubert wird.

Marabus sind Opportunisten. Wenn andere Vögel brüten, ernähren sich die Marabus von deren Küken. In den dichtbesiedelten Flamingokolonien gibt es ein »Überangebot« an jungen Küken, und die Störche schnappen eilig nach unbeobachteten Jungen (links). Da an den Wasserlöchern alle Tiere gefährdet sind, ziehen die Marabus ihren Vorteil aus der dort herrschenden Nervosität. In der Etoscha-Pfanne jagen sie Tauben (links unten), und wenn kein lebendiges Fressen zu bekommen ist, schließen sie sich den Geiern an und fressen das Aas eines blutigen Gnukadavers (unten).

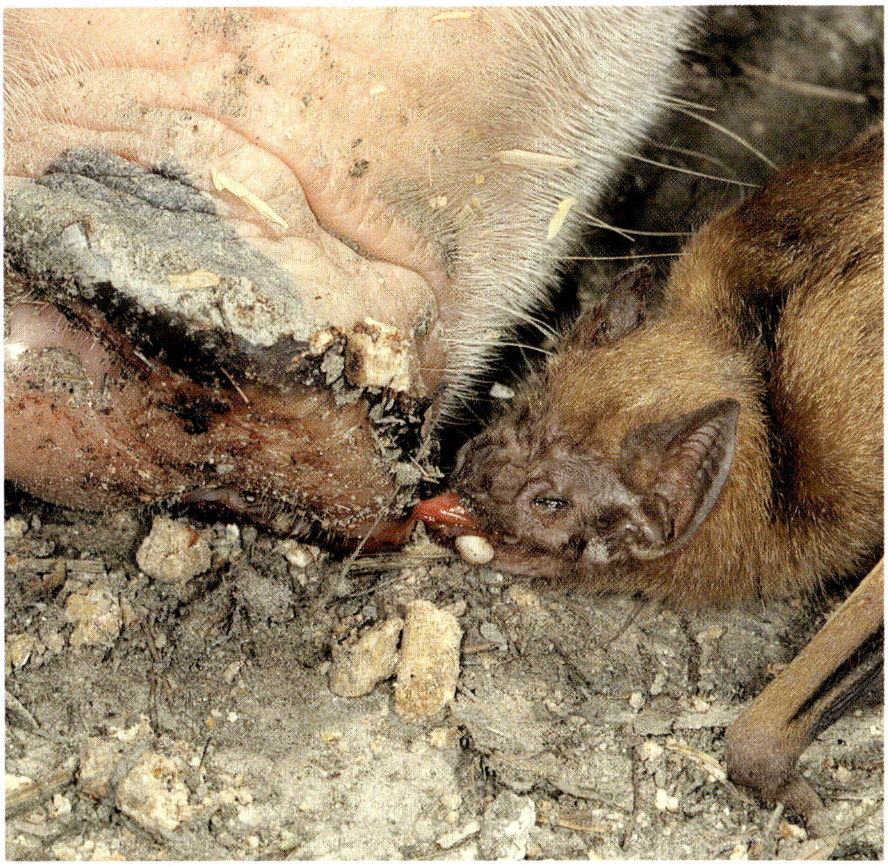

Der Madenhackerstar (unten) pickt nicht nur nach Parasiten, sondern hackt auch in Wunden, um sie offen zu halten und an das Blut zu gelangen. Übertroffen wird dieses Verhalten nur noch vom Spitzschnabel-Fink (ganz links), der auf den Galapagos-Inseln lebt und sich vom Blut größerer Vögel wie dem Maskentölpel ernährt. Er ist auch als »Vampir-Fink« bekannt. Die eigentlichen »Vampire« dagegen sind kleine Fledermäuse aus Süd- und Mittelamerika (links). Mit ihren extrem scharfen Zähnen reißen sie ihren Opfern – meistens Schweinen – Stücke aus der Haut, um dann deren Blut zu trinken.

Raubmöwen sind typische Piraten, die zahlreiche andere Vögel angreifen und berauben. Sie nehmen kleinere Vögel oder Küken als Beute oder bedrängen größere Vögel so lange, bis diese bereits verschlucktes Fressen wieder hervorwürgen. Eine Skua oder Große Raubmöwe greift einen Baßtölpel an (unten), während antarktische Raubmöwen ein Eselspinguinküken erbeuten (rechts), Adeliepinguinküken belästigen (unten ganz rechts) und das Ei eines Riesensturmvogel aufbrechen (unten rechts).

In der Defensive

Das Verhältnis zwischen Räuber und Beute verändert sich ständig: Manchmal haben die Räuber die Oberhand, dann wieder überlisten die Gejagten die Jäger.
Aber das Wichtigste für eine gelungene Verteidigung ist die erhöhte Wachsamkeit. Potentielle Beutetiere benötigen hochentwickelte Sinnesorgane, die sie schon bei den ersten Anzeichen eines sich nähernden Raubtieres warnen. Mit Hilfe von akustischen Signalen informieren sie dann die anderen Tiere, und im darauffolgenden Durcheinander verliert das Raubtier die Orientierung. Sobald die Warnung erfolgt ist, gibt es nur noch eins – die sofortige Flucht. Viele Tiere nutzen ihre Schnelligkeit, wobei einige ihre Gewandtheit regelrecht demonstrieren, als ob sie dem Jäger mitteilen wollten: »Du fängst mich nicht.«
Wieder andere Tierarten zeigen ein Verhalten, das dem Räuber zu verstehen gibt: »Fang mich doch« und locken dadurch das Raubtier von ihrem Nest oder ihren Jungen fort. Die Kiebitze täuschen einen gebrochenen Flügel vor und flattern so lange und sehr überzeugend hilflos umher, bis sie ihren Nistplatz sicher wähnen und plötzlich gesund davonfliegen.
Manche Tiere stellen sich sogar tot. Da die meisten Jäger durch Bewegungen angezogen werden, ist ein regungsloses Tier für sie nur von geringem oder gar keinem Interesse. Auf ein solches Verhalten der Opossums geht der angloamerikanische Ausdruck »playing possum« (= »Toter Mann spielen«) zurück.

Alarmrufe

Viele potentielle Beutetiere haben besondere Warnmethoden entwickelt, die ihre Überlebenschancen erhöhen. So geben Rotkehlchen in hoher Tonlage einen leisen Ruf von sich, wenn ein Habicht über ihnen fliegt. Aber auch andere Singvögel kennen ähnliche, nicht lokalisierbare, wispernde Rufe, mit denen sie Alarm geben, ohne sich selbst zu verraten. Auf diese Weise sind alle Vögel in der Umgebung gewarnt, selbst wenn nur ein Vogel den Räuber entdeckt. Die in Nordamerika ansässigen Erdhörnchen geben je nach Art des Räubers unterschiedliche Warnrufe von sich: Sie unterscheiden damit zwischen Tieren, die in ihre Baue eindringen können, und Tierarten, die dazu nicht in der Lage sind. Vor Dachsen wird also anders gewarnt als vor Kojoten.

Die Grünen Meerkatzen Ostafrikas besitzen ebenfalls besondere Warnrufe für unterschiedliche Raubtiere. Wissenschaftler konnten einen »Leoparden-Alarm« für gefleckte Raubkatzen, einen »Schlangen-Alarm« für Riesenschlangen und einen »Habicht-Alarm« für Greifvögel unterscheiden, wobei jeder Alarm ein besonderes Fluchtverhalten auslöst. So klettert das Rudel als Reaktion auf den Leoparden-Alarm auf hohe Äste und dünne Zweige, die die Leoparden aufgrund ihres größeren Körpergewichts nicht erreichen können. Beim Schlangen-Alarm stellen sich alle Meerkatzen auf ihre Hinterbeine und versuchen, die Schlange auszumachen. Bei einem Habicht-Alarm dagegen verstreuen sich die Tiere in die Büsche, denn ein Raubvogel könnte die Affen auf den Ästen eines Baumes packen.

Auf den ersten Blick wirken diese Dornzikaden wie Dornen einer Pflanze. Während sie den Pflanzensaft aufsaugen, werden sie sowohl durch die scharfen, dornähnlichen Fortsätze auf ihrem Rücken als auch durch ihre Tarnung geschützt.

Verblüffende Verhaltensweisen

Verwirrung ist eine wertvolle Verteidigungswaffe. Wenn sich eine Beute unvorhersehbar oder überraschend verhält, muß der Jäger erst überlegen, was er als nächstes tun soll. Räuber können auch durch das Äußere getäuscht werden. So wirken die bedrohlichen »Augen« auf einem Schmetterlingsflügel abschreckend, und Streifen oder kräftige Farben drücken aus: »Bleib weg, ich bin giftig« – was wirklich zutreffen kann oder nur geschwindelt ist. Mit der Nachahmung der Schutzfärbung eines bekannt giftigen Doppelgängers kann sich ein ungiftiges Tier einen guten Schutz vor Angriffen schaffen.

Aber die effektivste Schutzfärbung macht ihren Träger »unsichtbar« – denn mit einer guten Tarnung wird man erst gar nicht entdeckt.

Wenn Gefahr droht, hüpfen Springböcke mit gestreckten Beinen senkrecht in die Luft. Dieses Verhalten wird als »Prunken« oder »Prellsprung« bezeichnet, und man nimmt an, daß die Antilope dem Raubtier damit demonstrieren will, daß sie zu munter ist, um gefangen zu werden.

Schnelle Flucht

Wenn man sich nirgendwo mehr verstecken kann, gibt es nur noch eine Lösung – die Flucht. Da die Gabelböcke der offenen Prärie im Westen der USA schneller sein müssen als ihre Jäger – meist Wölfe und Kojoten – haben sie nicht nur einen Grad an Schnelligkeit erreicht, der nur noch vom Geparden übertroffen wird, sondern verfügen auch über große Ausdauer. Ihre Höchstgeschwindigkeit liegt bei etwa 82 km/h – wobei sie mit ihren schlanken Beinen über 8 m weite Sprünge vollbringen –, und selbst auf langen Strecken können sie dank einer Anpassung ihres Körperbaus eine Geschwindigkeit von 72 km/h halten.

Gabelböcke besitzen ungewöhnlich große Lungen und ein Herz, das besonders sauerstoffreiches Blut in die Beinmuskulatur pumpt. Darüber hinaus verfügen sie in jeder Muskelzelle über einen erhöhten Anteil bestimmter Zellorganellen, den sogenannten Mitochondrien, die den zusätzlichen Sauerstoff in Energie umwandeln. Auf diese Weise steht den Gabelböcken etwa fünfmal mehr Sauerstoff zur Verfügung als beispielsweise den Bergziegen.

Antilopen und Gazellen nutzen nicht nur ihre Wachsamkeit und Geschwindigkeit, um ihren Feinden zu entkommen, sondern zeigen auch eine andere erstaunliche Verhaltensweise, die als »Prunken« oder »Prellsprung« bezeichnet wird und zur Abschreckung oder Verwirrung der Räuber dient. Dabei springen die Tiere mit gestreckten Beinen senkrecht in die Luft, so daß bei der Landung alle vier Beine gleichzeitig den Boden berühren. Der südafrikanische Springbock hat diese Technik zur Vollendung entwickelt: Bei seinen Sprüngen richtet er einen breiten, weißen Haarstreifen auf seinem hochgewölbten Rücken auf und läßt den Kopf bis fast zu den Hufen herabhängen, die er dicht beieinander hält. Sobald seine Hufe den Boden berühren, springt er erneut hoch – entweder senkrecht nach oben oder vorwärts oder blitzschnell seitlich ausbrechend. Anschließend senkt er den weißen Rückenstreifen, hebt den Kopf und jagt mit hoher Geschwindigkeit davon.

Dieses Verhalten wirkt offensichtlich ansteckend: Sobald ein oder zwei Tiere Prellsprünge vollführen, schließt sich der Rest der Herde an. Man nimmt an, daß diese Sprünge die körperliche Fitness und Fluchtbereitschaft der Böcke demonstrieren und zwei Botschaften über-

mitteln sollen: Sie zeigen einem potentiellen Jäger, daß er entdeckt worden ist und ermuntern ihn, sich leichter zu fangende Beute zu suchen, denn bei den Springböcken würde er nur Zeit und Energie verschwenden.

Diese Schwärmerraupe versucht, mögliche Feinde dadurch abzuschrecken, daß sie eine Schlange imitiert. Ihre Mimikry ist so perfekt, daß sie sogar die großen Augen einer Schlange nachahmt.

Verwirrspiele

Tropische Bärenspinner stören das Sonarsystem von jagenden Fledermäusen, indem sie kurz vor dem Angriff des Räubers eine Reihe von Geräuschen von sich geben, die die Fledermaus verwirren. Andere Nachtfalter hören die von den Fledermäusen zur Echolot-Ortung verwendeten Frequenzen ab und leiten im Augenblick des Angriffs ein Ausweichmanöver ein; wieder andere Falter vereiteln eine Attacke, indem sie einfach ihre Flügel zusammenfalten und sich zu Boden fallen lassen.

Fliegende Fische fliehen im Gegensatz dazu nach oben. Wenn sie von Thunfischen oder anderen schnell schwimmenden Räubern verfolgt werden, springen sie aus dem Wasser und gleiten durch die Luft. Einige Arten besitzen neben ihren vergrößerten Brustflossen zusätzlich flügelähnliche Bauchflossen, wobei allerdings die Größe der »Tragfläche« bei beiden Flugfischtypen gleich bleibt. Allerdings können die »Vier-Flügler« geringfügig weiter fliegen und werden auch durch eine rauhere See weniger behindert.

Um das Wasser zu verlassen, schwimmt ein Fliegender Fisch mit hoher Geschwindigkeit auf die Wasseroberfläche zu und durchbricht sie in einem Winkel von etwa 30 Grad. Dann breitet er seine »Flügel« aus und läßt seinen im Wasser verbleibenden Schwanz mit etwa 50–70 Schlägen pro Sekunde auf- und niederfahren, so daß er dank dieses Propellers an der Wasseroberfläche entlanggleiten kann. Dieser Beschleunigungsphase folgt der Gleitflug, bei dem der Fisch mit einer Geschwindigkeit von 15–20 Metern pro Sekunde bis zu 50 m weit und 8 m hoch fliegen kann. Dann fällt er auf die Wasseroberfläche zurück, um sich jedoch – dank erneuter Schwanzschläge – sofort wieder in die Lüfte zu erheben. Auf diese Weise ist er in der Lage, innerhalb von 30 Sekunden mehr als 400 m zurückzulegen.

Auf der Flucht vor ihren Feinden graben sich die Eidechsenfische im Sand des Meeresbodens ein – eine Strategie, der sich auch in der Wüste lebende Tiere wie Echsen, Käfer und Schlangen bedienen.

Dagegen verwirren Tintenfische und Kraken ihre Jäger, indem sie eine Tintenwolke verspritzen, die in ihrer Größe einem flüchtenden Tintenfisch ähnelt und als Attrappe für den zubeißenden Räuber dient. In der Zwischenzeit wechselt der schlaue Kopffüßer seine Farbe und entschwindet in eine andere Richtung, wobei ihm seine Trichterröhre pfeilschnelle Bewegungen nach dem Rückstoßprinzip ermöglicht.

Verwirrung läßt sich aber auch dadurch stiften, daß man dem Raubtier ein entbehrliches Körperteil überläßt. So sind viele Echsenarten in der Lage, ihren Schwanz abzuwerfen. Auf diese Weise hinterlassen sie dem Jäger zwar eine kleine Mahlzeit, vergrößern aber auch ihre Fluchtchancen. Der neue Schwanz wächst dann einfach nach.

Einige Schmetterlingsarten wie etwa die Augenfalter besitzen auf ihren Flügelrändern kleine Augenflecken, mit denen sie die hackenden Schnäbel angreifender Vögel von ihrem empfindlichen Körper auf die weniger wichtigen Flügelränder ablenken. Ein sinnvoller Trick, wie die zahlreichen Schmetterlinge mit dreieckigen Stanzmarken in den Flügeln zeigen, deren Körper aber dank dieser Strategie unversehrt blieb.

Wenn eine Kröte einer Ringelnatter gegenübersteht, bläht sie ihren Körper auf und stellt sich auf die Zehenspitzen, um so größer und weniger verletzlich zu erscheinen.

Diese Raupe aus dem tropischen Regenwald Mexikos wird durch Stachelhaare geschützt. Ihre kräftigen Farben warnen Räuber davor, daß ein Biß sehr schmerzhafte Folgen haben könnte.

Einige andere Schmetterlingsarten besitzen sogar falsche Köpfe. Da der Kopf der empfindlichste Körperteil und damit das Hauptangriffsziel des Räubers ist, präsentieren einige Schmetterlinge eine kopfartige Zeichnung auf den Flügelspitzen – weit entfernt vom eigentlichen Kopf. Diese optische Täuschung wird durch fühlerförmige Fortsätze und Augenflecken zusätzlich verstärkt. Ein tropischer Bläuling trägt sogar braune und weiße Streifen, die die Aufmerksamkeit des Räubers auf den falschen Kopf lenken. Außerdem zeichnet sich dieser Schmetterling durch ein besonderes Verhalten aus, das den Jäger zusätzlich irrtiert: Nach der Landung dreht sich das Insekt um und kann so in die genau entgegengesetzte Richtung fliehen.

Falsche Augen und furchteinflößende Farben

Langsame oder in die Enge getriebene Tiere müssen noch lange nicht aufgeben, da sie einige Tricks auf Lager, genauer: unter ihren Flügeln, auf ihrem Körper oder Rücken haben, mit denen sie ihre Feinde abschrecken. So öffnen einige Gottesanbeterinnen einfach ihre Flügel und lassen deren bunt gefärbte Unterseiten aufleuchten. Dieses Imponiergehabe wird durch ein zischendes Geräusch des Insekts zusätzlich verstärkt, wobei das Tier seinen Hinterleib heftig zwischen den Flügeln reibt. Eine Spezies besitzt leuchtend bunte Beine, die sie zur Abschreckung der Jäger in die Höhe streckt, und einer Gottesanbeterin gelang es auf diese Weise sogar, einen Affen in die Flucht zu schlagen.

Manche Schmetterlinge öffnen ihre Flügel und überraschen den Räuber mit ihren großen Augenflecken. In der Ruhestellung sind die Vorderflügel des Abendpfauenauges in der bekannten Dreieckshaltung der Schwärmer über die Hinterflügel gelegt; aber bei einem Angriff öffnen sie sich weit und lassen zwei große Augenflecken aufblitzen. Diese Augenflecken befinden sich jedoch nicht – wie die kleineren Augenflecken – an den Flügelrändern, sondern in der Nähe des Hinterleibs und erzeugen zusammen mit diesem die Illusion eines Gesichtes eines viel größeren und furchterregenderen Tieres. Auch Ordensbänder verfügen über getarnte Vorderflügel. Der Jäger ist entweder beim Anblick der leuchtend gefärbten

Hinterflügel so überrascht, daß der Falter entkommen kann, oder er hackt in den Rand des farbigen Flügels, ohne den Körper zu verletzen.

Die wohl beste Tarnung besitzen einige Raupen, die das Aussehen einer Schlange imitieren. So ähnelt die Raupe einer in Lateinamerika lebenden Schwärmerart in der Ruhestellung einem Zweig. Wenn sie angegriffen wird, klappt sie ihren Vorderkörper nach unten und präsentiert dem Räuber einen dreieckigen »Schlangenkopf«, der die Augen und Bewegungen einer angreifenden Schlange nachahmt.

Eine südamerikanische Krötenart trägt auf ihrem Hinterteil eine Augenzeichnung. Bei Gefahr streckt sie ihre Hinterbeine, pumpt ihren Körper auf und wendet dem Gegner das Hinterteil zu. Greift der Räuber weiter an, verspritzt die Kröte aus ihren Afterdrüsen in der Nähe der falschen Augen eine übelriechende Flüssigkeit.

Manchmal sollten die Räuber eine Warnung ernst nehmen, da ihre potentielle Beute eine unangenehme Überraschung bereithält: Beispielsweise öffnet eine Bärenspinnerart ihre Flügel, um den rot- oder gelbgefleckten Körper zu zeigen, während sie gleichzeitig eine übelriechende Substanz ausscheidet.

Das erste Warnsignal der Stinktiere ist ihr auffälliges schwarz-weißes Fell. Falls diese Drohung keine Wirkung zeigt, wölbt der große Streifenskunk seinen Rücken, stampft mit den Füßen, schwingt seinen Kopf hin und her und stolziert mit erhobenem Kopf und Schwanz

Wenn es sich ausruht, paßt sich das Abendpfauenauge dem Baumstamm an, auf dem es sitzt. Sobald man es stört, öffnet es seine Vorderflügel und zeigt die großen falschen Augen auf den Hinterflügeln.

Schon allein das schwarz-weiße Muster des Streifenskunks warnt einen Angreifer davor, näher zu kommen. Wenn dieser sich trotzdem nähert, dreht sich das Stinktier um, hebt seinen Schwanz und verspritzt eine übelriechende Flüssigkeit, die die Augen reizt und nur schwer zu entfernen ist.

umher. Sollte auch dieses Imponiergehabe nicht ausreichen, dreht sich der Skunk mit dem Hinterteil zum Angreifer und verspritzt eine klebrige, übelriechende Flüssigkeit aus seinen großen Afterdrüsen. Der Strahl trifft den Räuber selbst auf 2 m Entfernung mit großer Genauigkeit und verfehlt bei entsprechendem Rückenwind sogar ein 10 m entferntes Ziel nicht. Die ausgeschiedene Flüssigkeit enthält bestimmte Eiweißstoffe, die eine chemische Verbindung mit den Haaren des Angreifers eingehen und deshalb nur schwer zu entfernen sind. Ein Jäger, der eine solche Ladung »Skunk-Flüssigkeit« abbekommen hat, wird diese wohl kaum je vergessen.

Chemische Verteidigung

Angriff ist die beste Verteidigung – und genau dieses Motto beherzigen auch einige Tierarten, um ihr Überleben zu sichern. Bestimmte Heuschrecken sondern aus ihrem Hinterleib abstoßende Substanzen ab, während Tausendfüßer sogar Blausäure in Poren entlang ihres Körpers produzieren. Aber die beste Verteidigungswaffe besitzt der Bombardierkäfer. Sobald eine Kröte oder ein Frosch nach ihm schnappt, setzt der Käfer seine chemische Waffe ein und hinterläßt eine unglückliche Amphibie mit heftig schmerzender Zunge. Falls sich eine Ameise an einem seiner Beine vergreift, wirbelt der Käfer seinen Hinterleib herum und spritzt einen heißen Schwall giftiger Chemikalien direkt auf den Angreifer; und wird der Käfer von einem ganzen Ameisenschwarm attackiert, kann er die kochend heiße Flüssigkeit sogar 20–30mal ausstoßen, um zu entkommen.

Dieser Abwehrstoff wird in einer »Verbrennungskammer« an der Spitze des Hinterleibes des Käfers produziert, wobei das Tier zwei Chemikalien mit einer Enzymmischung zu einem explosiven Treibstoff und einem chemischen Reizmittel kombiniert. Der Abwehrstoff wird stoßweise – wie mit einem Maschinengewehr – mit 500–1000 »Schüssen« pro Sekunde ausgeschieden. Dadurch erreicht der Käfer nicht nur eine größere Treffsicherheit, sondern verhindert auch, daß sein eigenes Hinterteil beschädigt wird. Ohne diese Vorkehrung käme es zu einer Überhitzung in der »Verbrennungskammer«.

Eine andere, weniger weit entwickelte Laufkäferart setzt ihren Abwehrstoff auf andere Weise ein. Ihre in Afternähe mündenden Pygidialdrüsen richten keinen direkten Strahl auf die Verfolger, sondern bedienen sich eines bisher nur vom Menschen bekannten physikalischen Prinzips, dem auch die Milch folgt, wenn sie an der Tülle eines Kruges entlangläuft und auf das Tischtuch tropft. Der Käfer besitzt eine solche »Tülle« auf beiden Seiten des Hinterleibes in der Nähe der Drüsenöffnungen. Wenn er von hinten oder der Seite angegriffen wird, kann er seinen Hinterleib direkt auf den Angreifer richten – nicht aber, wenn er von vorne attackiert wird. Kommt der Räuber jedoch von vorne, bedient sich der Käfer dieser Tülle und der Rundung seines Körpers und schießt einen Strahl kochender Flüssigkeit in einem Winkel von 50 Grad nach vorne.
Ein weiterer Verwandter des Bombardierkäfers stößt nicht einmal einen Strahl aus, sondern läßt die Chemikalien einfach unter den Rändern seiner Flügeldecken hervorkochen. Während eines Angriffs sitzt der Käfer in einer schäumenden Masse von kochenden Sekreten, und die platzenden Blasen versprühen kleine Chemikalientröpfchen in alle Richtungen. In einen solchen schützenden Nebel gehüllt, kann der Käfer unbekümmert durch einen ganzen Schwarm von potentiellen Räubern krabbeln, ohne dabei verletzt zu werden.

Warnfarben und Schafe im Wolfspelz

Pfeilgiftfrösche, die das gefährlichste dem Menschen bekannte Gift absondern, sind kräftig gefärbt – und warnen dadurch alle potentiellen Angreifer. Wespen verlassen sich darauf, daß ihre schwarz-gelben Streifen auf ihre giftigen Stacheln hinweisen, und viele bunt gefärbte Raupen warnen auf diese Weise vor einer Berührung ihrer Härchen, die Reizungen und Schmerzen verursachen können.
Besitzt man aber selbst kein chemisches Verteidigungssystem, gibt man am besten vor, auf diese Weise gegen Räuber gerüstet zu sein. So übernehmen harmlose Tiere das Erscheinungsbild eines giftigen Artgenossen und schützen sich damit vor Angriffen. Die Larve des nordamerikanischen Monarchfalters ernährt sich von Wolfsmilchgewächsen und gewinnt dadurch schützende Gifte, die sie im Körper anreichert. Diese Gifte bleiben während der Verpuppung erhalten und stehen auch dem geschlüpften Schmetterling zur Verfügung.

Die Raupe des Monarchfalters ernährt sich von einem Wolfsmilchgewächs, aus dem sie ein Gift extrahiert. Diese Chemikalie bleibt während der Verpuppung erhalten, so daß auch der spätere Schmetterling geschützt ist. Er zeigt seine Ungenießbarkeit durch die grellen Farben an. Die Raupe eines amerikanischen Tagschmetterlings sammelt kein Gift an, aber der entwickelte Schmetterling (unten) ahmt die Warnfärbung des Monarchfalters (links) nach und bleibt daher von Angriffen verschont.

Die der Monarchraupe völlig unähnliche Raupe eines amerikanischen Tagschmetterlings (*Limenitis archippus*) ernährt sich von ungiftigen Pflanzen; aber der geschlüpfte Schmetterling ahmt die Gestalt und Farbenpracht des Monarchfalters perfekt nach, und kaum jemand sieht ihm an, daß er nicht giftig ist. Diese Mimikry dient dem Schutz vor Angreifern, die zwischen den beiden Arten nicht unterscheiden können. In einem Versuch wurden Monarchfalter an Eichelhäher verfüttert, wobei die Vögel durchaus einen Schmetterling verzehrten, dann aber eine derart heftige Reaktion zeigten, daß sie jeden weiteren Monarchfalter verweigerten und auch bei den monarchähnlichen amerikanischen Tagschmetterlingen keine Ausnahme machten.

Perfekte Tarnung

Kaninchen laufen bei Gefahr so schnell sie können in ihren nahegelegenen Bau – ein Verhalten, das den Hasen mitten auf einem offenen Feld nicht möglich ist. Statt dessen erstarren sie und vertrauen darauf, optisch mit ihrem Hintergrund zu verschmelzen. Auch die Jungen vieler anderer Pflanzenfresser zeigen ein ähnliches Verhalten und fliehen erst im letzten Moment, wenn sie sicher sind, daß ein Räuber sie entdeckt hat.
Eine gute Tarnung zählt zu den besten Verteidigungsmitteln der Tierwelt, wobei sogar verschiedene Lichtverhältnisse berücksichtigt werden. So besitzen viele Meeresfische eine dunkel gefärbte Oberseite und eine helle Bauchseite, damit sie sich – von unten betrachtet – nicht vor dem hellen Hintergrund der Wasseroberfläche abzeichnen und von oben gesehen mit dem dunklen Meeresboden verschmelzen. Grau-schwarze Streifen, wie die der Makrele, imitieren die Lichtflecken und -muster einer unruhigen Wasserfläche.
In den nordischen Gebieten und in hochgelegenen Gegenden tragen viele Tierarten während der schneereichen Monate weiße Federn oder ein weißes Fell und wechseln bei der Schneeschmelze zu einer braungesprenkelten Färbung. So verändern beispielsweise der Schneehase und das Alpenschneehuhn ihr Fell bzw. Gefieder entsprechend der jeweiligen Jahreszeit. Im Frühling, wenn die Schneedecke fleckig ist, spiegelt sich dies in der gescheckten Färbung wider.
Das Moorschneehuhn geht noch einen Schritt weiter: Es nimmt nicht nur die Farben seiner Umgebung an, sondern kann bei Gefahr auch sämtliche Körperfunktionen verändern. Der Herzschlag wird zu einem schwachen Klopfen gesenkt und die Atemfrequenz stark reduziert. Im Ruhezustand schlägt das Herz des Moorschneehuhns etwa 150mal pro Minute, aber wenn ein Polarfuchs erscheint, beschränkt der Vogel seinen Herzschlag auf 20 Schläge pro Minute, während seine Atemfrequenz um 70 Prozent sinkt. Auf diese Weise werden nicht nur alle Lebenszeichen auf ein Minimum reduziert, sondern auch ein zufälliges Ausscheiden von Gerüchen wird verhindert, die einen Räuber aufmerksam machen könnten. So laufen beispielsweise Hunde, die auf das Aufspüren von Vögeln zu Forschungszwecken dressiert sind, über die kauernden Vögel hinweg. Wird das Moorschneehuhn aber dennoch von einem Räuber entdeckt, steigt sein Herzschlag innerhalb einer Sekunde von 20 auf 600 Schläge explosionsartig an und der Vogel schießt in die Luft.

Eine uneinnehmbare Festung

Neben den bisher aufgeführten Verteidungsstrategien bleibt den Tieren immer noch der völlige Rückzug. Kaninchen leben in Höhlen und legen großen Wert auf zusätzliche Notausgänge, falls ein Iltis oder Wiesel in den Bau eindringt. Erdhörnchen versperren nachts ihre Tunneleingänge, um unwillkommene nächtliche Jäger fernzuhalten.
Schildkröten dagegen tragen ihr Schutzschild auf dem Rücken: Kopf und Beine können völlig unter dem Panzer verschwinden, der den Angriffen vieler Raubtiere widersteht. Einsiedlerkrebse erobern sich eine schützende Hülle, indem sie das abgeworfene Gehäuse von Wellhornschnecken oder anderer Meeresmuscheln überstülpen. Einige Krebse tragen sogar Seeanemonen als zusätzlichen Schutz mit sich herum, während die Anemonenfische direkt im Schutz der Seeanemonen leben, ohne durch deren Tentakel Schaden zu nehmen. Und der

Wenn sie die Tentakel einer Seeanemone berühren, werden die meisten Fische gefangen, genesselt und gefressen. Aber es gibt einige Arten, die gegen diese Angriffe immun sind und durch die gefährlichen Nesselbatterien der Seeanemone geschützt werden; dazu gehört auch dieser Gelbschwanz-Anemonenfisch, der sich zwischen den Tentakeln einer grünen Seeanemone versteckt. Die Fische scheinen nicht von Anfang an immun zu sein, sondern nähern sich der Seeanemone und berühren sie einige Male, als ob sie ein Gegengift entwickeln wollten. Man nimmt an, daß sich der Fisch langsam mit dem Schleim der Seeanemone überzieht, der eine schützende Hülle darstellt.

Nachwuchs des Kabeljaus und anderer Meeresfische sucht manchmal sogar Schutz in den Tentakeln von Quallen und Portugiesischen Galeeren.

Igel und Schnabeligel rollen sich zu einer Kugel zusammen, so daß der stachelige Rücken die empfindliche Bauchseite schützt. Schuppentiere besitzen zwar dicke Körperschuppen und Gürteltiere einen festen Hautpanzer, aber dennoch rollen auch sie sich bei Gefahr zusammen. Aber auch viel kleinere Tiere wie etwa die Kugelassel und der Saftkugler, ein Tausendfüßer, rollen sich zu einer vollständig gepanzerten Kugel zusammen, wobei ihre beweglichen Hautskelette den gesamten Körper schützen.

Stacheln eignen sich ebenfalls hervorragend zur Verteidigung. So blasen sich Igelfische zu stacheligen Ballons auf und machen damit einem Angreifer ein Zuschnappen unmöglich. Stichlinge werden zwar von gefräßigen Hechten verschlungen, aber sofort wieder ausgespuckt, da die Stacheln ihrer Rückenflosse den Räuber in den Gaumen stechen und ihn dazu veranlassen, seine Beute wieder freizugeben. Doggenhaie besitzen nur 2 Stacheln, die an den Vorderseiten der beiden Rückenflossen sitzen. Aber diese beiden Stacheln genügen, einen Meerengel dazu zu bewegen, sein Fressen wieder auszuspucken, so daß der kleinere Doggenhai entkommen kann.

(Gegenüberliegende Seite) Die Haut des Igelfisches ist nicht nur mit schützenden Stacheln bedeckt, er kann sich auch wie einen Fußball aufblasen, um damit einem Angreifer ein Zuschnappen unmöglich zu machen.

Fächerwürmer leben in Röhren. Beim Fressen filtern ihre Tentakel Nahrungspartikel aus dem Wasser. Wenn aber die Punktaugen auf den Tentakeln den Schatten eines vorbeischwimmenden Fisches wahrnehmen, ziehen sich die Würmer sofort in ihre Röhren zurück.

Der Rotfeuerfisch zeigt durch seine leuchtenden Warnfarben an, daß seine Stacheln ein tödliches Gift ausscheiden können.

Die Raupen vieler Schwärmer und anderer Schmetterlinge schützen sich durch ihre Farben. Giftige oder mit giftigen Stacheln versehene Arten zeigen eine leuchtende Schutzfärbung, andere ahmen gefährliche Tiere wie etwa Schlangen nach und wieder andere – in Mitteleuropa z. B. die Raupe des C-Falters – gleichen in ihrem Aussehen Vogelkot und bleiben deshalb unentdeckt.

Ähnlich wie Raupen zeigen auch geschlüpfte Schmetterlinge Mimikry. Dieser Eulenspinner aus Costa Rica besitzt große Augenflecken auf seinen Hinterflügeln, so daß er mit geöffneten Flügeln das Gesicht einer Eule nachahmen kann. Sein Körper und seine Fühler wirken wie der Eulenschnabel.

(Gegenüberliegende Seite) Frösche und Kröten fallen leicht Vögeln, Schlangen und Säugetieren zum Opfer; aber viele Arten besitzen kräftige Warnfarben, die entweder abschrecken oder unangenehm überraschen. Die Pfeilgiftfrösche aus Süd- und Mittelamerika gehören zu den giftigsten Tieren der Erde, und ihre leuchtenden Farben halten andere Tiere fern. Das Gift sitzt in der Haut der Tiere, und die Eingeborenen reiben damit ihre Pfeil- und Speerspitzen ein.

Die Chinesische Rotbauchunke hat einen Trick auf Lager ... oder besser auf ihrem Bauch. Wenn sie angegriffen wird, dreht sie sich auf den Rücken und zeigt ihren kräftig rot-schwarz gemusterten Bauch (ähnlich wie die einheimischen Rotbauch- und Gelbbauchunken). Mit dieser Methode versucht sie den Angreifer zu überraschen und abzuschrecken. Bleibt der Angreifer jedoch unbeeindruckt, ist die Kröte tot.

Tagpfauenaugen besitzen Augenflecken an ihren Flügelenden. Dadurch zielen hackende Schnäbel nicht auf den Körper, sondern eher auf die Flügelenden.

Das Moorschneehuhn verfügt über zwei Schutzmechanismen. Zum einen kann es optisch mit seinem Hintergrund verschmelzen. Während des kurzen arktischen Sommers besteht sein Federkleid hauptsächlich aus verschiedenen Braunschattierungen, wodurch es hervorragend an die Farben des Frühlings, Sommers und Herbstes angepaßt ist. Im Winter sind seine Federn dann so weiß wie die verschneite Landschaft. Zum anderen kann das Moorschneehuhn, wenn sich ein Raubtier nähert, seinen Herzschlag verlangsamen und seine Atmung fast aussetzen lassen. Wird es dennoch aufgespürt, springt es sofort auf und flieht.

Der Triel zeigt ein schlaues Ablenkungsmanöver, mit dem er Räuber von seinem Nest weglockt. Er täuscht einen gebrochenen Flügel vor und zieht die Aufmerksamkeit des Räubers auf sich, der eine leichte Beute erwartet. Aber im letzten Moment flieht der Vogel, und das Nest ist gerettet.

Der Triel zeigt ein schlaues Ablenkungsmanöver, mit dem er Räuber von seinem Nest weglockt. Er täuscht einen gebrochenen Flügel vor und zieht die Aufmerksamkeit des Räubers auf sich, der eine leichte Beute erwartet. Aber im letzten Moment flieht der Vogel, und das Nest ist gerettet.

(Gegenüberliegende Seite) Frösche und Kröten fallen leicht Vögeln, Schlangen und Säugetieren zum Opfer; aber viele Arten besitzen kräftige Warnfarben, die entweder abschrecken oder unangenehm überraschen. Die Pfeilgiftfrösche aus Süd- und Mittelamerika gehören zu den giftigsten Tieren der Erde, und ihre leuchtenden Farben halten andere Tiere fern. Das Gift sitzt in der Haut der Tiere, und die Eingeborenen reiben damit ihre Pfeil- und Speerspitzen ein.

Die Chinesische Rotbauchunke hat einen Trick auf Lager ... oder besser auf ihrem Bauch. Wenn sie angegriffen wird, dreht sie sich auf den Rücken und zeigt ihren kräftig rot-schwarz gemusterten Bauch (ähnlich wie die einheimischen Rotbauch- und Gelbbauchunken). Mit dieser Methode versucht sie den Angreifer zu überraschen und abzuschrecken. Bleibt der Angreifer jedoch unbeeindruckt, ist die Kröte tot.

Register

Seitenzahlen in Kursivschrift beziehen sich auf die Abbildungen.

Das Moorschneehuhn verfügt über zwei Schutzmechanismen. Zum einen kann es optisch mit seinem Hintergrund verschmelzen. Während des kurzen arktischen Sommers besteht sein Federkleid hauptsächlich aus verschiedenen Braunschattierungen, wodurch es hervorragend an die Farben des Frühlings, Sommers und Herbstes angepaßt ist. Im Winter sind seine Federn dann so weiß wie die verschneite Landschaft. Zum anderen kann das Moorschneehuhn, wenn sich ein Raubtier nähert, seinen Herzschlag verlangsamen und seine Atmung fast aussetzen lassen. Wird es dennoch aufgespürt, springt es sofort auf und flieht.

Tagpfauenaugen besitzen Augenflecken an ihren Flügelenden. Dadurch zielen hackende Schnäbel nicht auf den Körper, sondern eher auf die Flügelenden.

Bildnachweis

Bruce Coleman Jen & Des Bartlett: 41, 156, 162 · Erwin & Peggy Bauer: 36 unten · Nigel Blake: Titelseite unten, 183 · Jane Burton: 96 oben, 119, 162/163, 173 · B & C Calhoun: 174 · Gerald Cubitt: 15 rechts · Peter Davey: 52/53 · A J Deane: 147 unten · Francisco Erize: 132/133, 166/167 · John Fennell: 133 unten · M P L Fogden: 146 oben, 172 rechts · Jeff Foott: 55 unten, 59, 100 · Michael Freeman: 54 oben, 101 · C B Frith: 42 · Dennis Green: 139, 168 · Pekka Helo: 149 oben · Carol Hughes: 87, 180/181 · John Kenfield: 54 unten · Wayne Lankinen: 85 · Werner Layer: 159 · George McCarthy: 172 links · Norman Myers: 122 · Graham Pizzey: 43 · Dieter & Mary Plage: 7, 19 oben · Goetz D Plage: 108 rechts · Fritz Prenzel: 97 · Hans Reinhard: 86, 141, 148, 152, 165 unten, 187 · Carl Roessler: 129 · Alan Root: 78 · John Shaw: 175 rechts · Kim Taylor: 107 · Norman Tomalin: 71 unten, 160 · John Visser: 150, 152 · Carl Wallace: 175 links · Uwe Walz: 111 unten · Peter Ward: 65 · Barrie Wilkins: 170 · Rod Williams: 27 · Bill Wood: 128/129 · Woldwide Fund for Nature - G W Frame: 34 links oben · Konrad Wothe: 53 · Gunter Ziesler: 6, 9 links, 14 oben, 14 unten, 23, 34 rechts oben, 108 links, 155, 163 · J Zwanenpoel: 15 links **Natural History Photographic Agency** Anthony Bannister: 11, 121, 131, 133 oben, 153 · G I Bernard: 77, 146 unten, 171, 181 unten · Stephen Dalton: 75 unten, 92, 93 links, 93 rechts, 94, 95 links, 106, 110 oben, 111 oben, 142 · Nigel Dennis: 52 · Peter Johnson: 16 unten, 39 oben, 47, 51 · Stephen Krasemann: Schmutztitel oben, 18 oben, 181 oben, 184 unten · Gérard Lacz: 40, 58 · Michael Leach: 76 oben · Eero Murtomäki: 136, 149 unten · Tsuneo Nakamura: 178 · Haroldo Palo: 166 rechts · P D Pickford: 22 · John Shaw: 109 oben, 125, 134/135, 184 oben · Silvestris: 83 · Martin Wendler: 150/151 · Bill Wood: 73 oben, 126/127 **Natural History Photographic Agency – Ant** 103 · Kelvin Aitken: 91 · Barbara Todd: 33 · R J Tomkins: 32 · Cyril Webster: 75 oben · D Whitford: 185 **Nature Photographers** S C Bisserôt: 88, 186 · Peter Craig-Cooper: 16 oben · M Gore: 21 · James Hancock: 116 links · Ed Lemon: 10 · Hugh Miles: 18 unten, 35 oben · Don Smith: 166 links · Paul Sterry: 28 · Roger Tidman: 82 · Hugo van Lawick: 24, 25 links, 50, 50/51 **Oxford Scientific Films** 61 rechts · Doug Allan: 44 · Anthony Bannister: 71 oben · Rafi Ben Shahar: 35 unten, 61 links · G I Bernard: 105, 113 · Eciton Burchelli: 145 · Densey Cline: 66 · Judd Cooney: 60 · Sarah Cunliffe: 179 oben · Stephen Dalton: 165 oben · Phil Devries: 169 · Frederik Ehrenstron: 112, 127 · Michael Fogden: 182 · David C Fritts: 72 · Max Gibbs: 177, 179 unten · Laurence Gould: 128 · David MacDonald: 38, 39 unten · Mantis Wildlife Films: 74 · Roland Mayr: 130, 144 · Godfrey Merlen: 110 unten, 164 · Colin Milkins: 120 · Owen Newman: 9 rechts · Stan Osolinski: 19 unten, 98, 99, 109 unten, 137 · Richard Packwood: 49 oben, 78/79 · K Porter: 130/131 · David Shale: 114, 117, 126 · Philip Sharpe: 147 oben · Steve Turner: 34 unten · Tom Ulrich: Schmutztitel unten, 25 rechts, 124 · Kim Westerskov: 167 · Claudia Wight - Partridge Productions: 17 unten · Norbert Wu: 57 **Oxford Scientific Films – Animals** John Chellman: 20, 37 · Michael Dick: 17 oben · Breck C Kent: Titelseite oben, 63, 76 unten, 132 · Richard Kolar: 180 · Zig Leszczynski: 73 unten, 96 unten · Patti Murray: 81 · Alan G Nelson: 56, 70 · J H Robinson: 69 · Carl Roessler: 13 **Oxford Scientific Films – Okapia** Jeff Foott: 31 **Planet Earth** K & K Ammann: 68 · Philip Chapman: 123 · Peter David: 64 · John Lythgoe: 79 · Duncan Morrell: 32/33, 55 oben · Christian Petron: 80 · Mike Potts: 84 · Jonathan Scott: 12, 48, 49 unten · Marty Snyderman: 90 oben, 90 unten · Gilbert van Ryckevorsel: 36 oben **Premaphotos Wildlife** K G Preston-Mafham, 95 rechts

Abenteuer Natur

Michael Bright
Herrscher der Meere – Wale, Delphine, Haie
Erstmals in einem Band: alles Wissenswerte über die drei imposanten Tiergruppen – von Biologie über Lebensweise bis zu ihrer Beziehung zum Menschen – in informativen Texten und brillanten Farbfotos mit überraschenden Perspektiven.

Boris M. Culik/Rory P. Wilson
Die Welt der Pinguine
Überlebenskünstler in Eis und Meer
Attraktiver Bildband über die sympathischen Meeresvögel: alle Pinguinarten der Welt mit interessanten Informationen zu Familienleben, Sozialverhalten, Ernährung, Wanderung, Fortpflanzung und vieles mehr.

Bruce Fogle
Katzen kennen und verstehen
Körpersprache und Verhalten
Endlich verstehen, wie Katzen denken: liebenswerter und informativer Bildband, der faszinierende Einblicke in das Leben, die »Sprache« und die Verhaltensrituale der Katzen bietet.

Graeme Matthews
Bäume
Das Geschenkbuch für alle Naturfreunde und Liebhaber excellenter Fotografie: Bildband über die Bäume der Welt mit großformatigen Farbfotos in brillanter Wiedergabe, die auch unter künstlerischen Aspekten überzeugen.

BLV Tier- und Pflanzenführer für unterwegs
Bestimmungsbuch mit 550 Tier- und Pflanzenarten, alle abgebildet auf naturgetreuen Farbfotos; Merkmale, Vorkommen, Lebensweise, Entwicklung, Fortpflanzung, Besonderheiten, Gefährdung.

Bruce Fogle
Hunde kennen und verstehen
Körpersprache und Verhalten
Hunde verstehen wie nie zuvor: liebenswerter und informativer Bildband, der faszinierende Einblicke in Leben, Verhalten, »Sprache« und Rituale der Hunde bietet.

Reiseführer Natur
Horst und Wally Hagen
Ostafrika
Überwältigendes Naturerlebnis Ostafrika: Nationalparks mit einer einzigartigen Tierwelt und faszinierenden Landschaftsformen – von weiten Savannen bis zu schneebedeckten Bergen – in Kenia, Tansania und Uganda.